生物质炭对镉污染土壤钝化修复的作用机制

史 静 著

科 学 出 版 社
北 京

内 容 简 介

本书系统介绍了生物质炭对土壤镉形态的钝化过程，对土壤酶活性的影响以及对土壤碳源活性、微生物功能多样性和对细菌基因多样性的影响，以期明确生物质炭对镉污染土壤的钝化效果；揭示生物质炭输入下根际土壤微生物分子生态多样性恢复对镉生物有效性的影响，为丰富生物质炭修复镉污染水稻土理论提供重要科学依据和技术支撑。全书共分为7 章，包括绪论、生物质炭对污染土壤镉形态转化的影响、生物质炭对镉污染土壤根际微团聚体镉形态转化的影响、生物质炭对镉污染土壤酶活性的影响、生物质炭对土壤团聚体酶活性的影响、生物质炭对镉污染土壤微生物多样性的影响、生物质炭对镉污染土壤团聚体微生物多样性的影响等。

本书可供土壤镉污染修复的科研人员和管理人员参阅，也可供高等学校相关专业师生使用。

图书在版编目(CIP)数据

生物质炭对镉污染土壤钝化修复的作用机制 / 史静著. — 北京：科学出版社，2021.4

ISBN 978-7-03-068506-3

Ⅰ. ①生… Ⅱ. ①史… Ⅲ. ①生物质-碳-应用-镉-重金属污染-污染土壤-修复-研究 Ⅳ. ①X53

中国版本图书馆 CIP 数据核字（2021）第 057599 号

责任编辑：武雯雯 / 责任校对：彭 映
封面设计：墨创文化 / 责任印制：罗 科

科学出版社 出版
北京东黄城根北街16 号
邮政编码：100717
http://www.sciencep.com

成都锦瑞印刷有限责任公司印刷
科学出版社发行 各地新华书店经销

*

2021 年 4 月第 一 版 开本：787×1092 1/16
2021 年 4 月第一次印刷 印张：7 1/2
字数：178 000

定价：88.00 元

（如有印装质量问题，我社负责调换）

前　言

我国农田土壤镉污染问题日趋严峻，具有较强环境迁移和生物毒性的镉易通过食物链迁移、富集影响人类健康。利用生物质炭钝化土壤镉形态，降低生物毒性，阻控水稻吸收镉，对保障稻米安全具有重要现实意义。本书采用原状土盆栽模拟和根袋实验，运用原位荧光杂交、高通量测序等分子生物学手段，深入研究生物质炭输入下污染根际水稻土镉赋存形态的转化特征及其作用机制。研究结果表明生物质炭输入后可改变镉在土壤中的赋存比例，使土壤中可交换态镉比例降低并向残渣态转化，从而降低镉的生物有效性。镉污染条件下，生物质炭的施用提高了土壤中碳代谢酶及氧化还原酶的活性，增强了微生物群落碳源代谢活性及功能多样性，2.5g/kg 生物质炭处理下的提高效果尤为突出；土壤微生物的碳源代谢活性及功能多样性在不同粒级团聚中呈 V 形分布，小于 0.25mm 微团聚体中微生物碳代谢功能多样性重金属镉胁迫效应与生物质炭保护效应均最显著。生物质炭的施用恢复了镉污染土壤的细菌基因多样性，2.5g/kg 生物质炭用量下的恢复效果显著；土壤细菌丰富度提高了 6.79%～21.04%；以变形菌门（Proteobacteria）、酸酐菌门（Acidobacteria）、芽单胞菌门（Gemmatimonadetes）为主的 43 个菌门构成红壤中细菌群落。进一步分析阐明，镉污染和生物质炭施用均能影响细菌基因多样性。

本书共分 7 章，第 1 章为绪论，第 2 章为生物质炭对污染土壤镉形态转化的影响，第 3 章为生物质炭对镉污染土壤根际微团聚体镉形态转化的影响，第 4 章为生物质炭对镉污染土壤酶活性的影响，第 5 章为生物质炭对土壤团聚体酶活性的影响，第 6 章为生物质炭对镉污染土壤微生物多样性的影响，第 7 章为生物质炭对镉污染土壤团聚体微生物多样性的影响。

本书理论联系实际，研究结果明确了生物质炭对镉污染土壤的钝化效果，揭示了生物质炭输入下根际土壤微生物分子生态多样性恢复对镉生物有效性的影响，为丰富生物质炭修复镉污染水稻土理论提供了重要的科学依据和技术支撑。

本书由国家自然科学基金（41301349）、李天来院士工作站建设项目（2017IC047）、云南农业大学引进人才科研启动费资助出版、昆明市设施蔬菜院士工作站建设项目（2019-1-H-24615）。

由于作者学识水平所限，书中不足之处在所难免，敬请读者与同行指正。

史静

2018 年 5 月于春城昆明

目　　录

第1章 绪　论

1.1　研究背景、目的和意义

镉(Cd)是易通过在土壤-作物-食物链中的迁移、富集，从而影响人类健康的重金属元素。我国农田土壤 Cd 污染日趋严峻，污染面积达 $28\times10^4hm^2$（张红振 等，2010）。水稻以其籽粒的高 Cd 吸收积累成为关注热点(Chaney et al.，2004；龚伟群 等，2006；Chaney et al.，2007)；加之我国水稻主产区由于自身的土壤环境化学特性而具有高 Cd 移动性(潘根兴 等，2002)，更加剧了我国以稻米为主食人群的 Cd 暴露食用风险。农业农村部稻米及制品质量监督检验测试中心对我国稻米质量安全普查结果表明，按照稻米 $0.2mg\cdot kg^{-1}$ 的限量标准［《食品中污染物限量》(GB2762—2017)］，稻米 Cd 超标率大于10%，甚至一些污染地区的稻米 Cd 含量高达 $0.8\ mg\cdot kg^{-1}$(黄永春 等，2020)。研究发现，在未污染条件下，水稻对 Cd 吸收的基因型差异主要由品种吸收能力控制(Shi et al.，2009)，而污染条件下土壤环境中可给态 Cd 成为影响水稻镉吸收的主要因素(史静，2008)。因此控制 Cd 在土壤-水稻系统中的迁移对于保障稻米食品安全具有重要现实意义；而利用环境功能控制材料降低 Cd 的移动性和毒性，阻断土壤 Cd 向作物体系迁移是控制土壤 Cd 污染的有效策略(骆永明，2009)。

生物质炭由于具有多孔、高比表面积等特性，在 Cd 污染环境修复领域展现出巨大应用潜力(Lehmann，2007；Lehmann and Joseph，2009)。其施用能够显著影响土壤镉的形态和迁移行为(Hua et al.，2009；甘文君 等，2012)，对污染土壤有稳定作用(Uchimiya et al.，2010；Beesley et al.，2010)，从而降低土壤有效态 Cd 含量(Beesley et al.，2010；Gomez-Eyles et al.，2011)，减少 Cd 向水稻籽粒的迁移量(Cui et al.，2011)。但是对产生原因的探讨多集中在生物质炭输入对酸性土壤环境效应的改善方面，如提高土壤 pH(Lehmann，2007)、增加 CEC(cation exchange capacity，阳离子交换量)(张文玲 等，2009)，以及提高土壤有机碳、可溶性有机碳含量(Beesley et al.，2010)等，但对生物质炭修复 Cd 污染水稻土的根际作用机制尚无报道。

目前的研究工作已充分表明根际微环境是控制 Cd 迁移的关键区域。根际 Cd 的环境行为与土体存在显著差异(陈有鑑 等，2003；马玉莹 等，2011)。根际土壤环境是根系 Cd 滞留的主要原因(李鹏 等，2011)。根际微环境中，土壤颗粒态有机质、根系分泌物、土壤酶活性以及微生物多样性由于对环境响应灵敏而受到重点关注。

研究表明，将有机物料(包括生物质炭)输入土壤，部分有机物料以颗粒态有机质(particulate organic matter，POM)形式存在(陈明霞 等，2011；孟令阳 等，2011)，POM

是土壤中粒径大于 0.053mm 的有机物质，是动植物残体半分解的产物(Franzluebbers and Arshad，1997)。作为活性有机质的一个指标，POM 对管理措施的响应比较敏感，并且对团聚体形成具有重要作用。更有研究指出 POM 具有吸附固定土壤重金属的特性，并且和土壤重金属的赋存形态及生物有效性密切相关，会使土壤其他组分中的重金属迁移至 POM 组分中(章明奎，2007；章明奎和刘兆云，2009)。

根系分泌物的组成中，植络素和低分子量的有机酸在改变微生物生长环境、促进团聚体形成过程中有重要作用。根际土壤酶是土壤中动物、植物和微生物细胞的分泌物，直接影响土壤重金属的迁移转化(刘姣 等，2010)。其中，氧化还原酶类是对 Cd 活性变化响应较敏感的酶类(石福贵 等，2009；曲贵伟 等，2009；崔红标 等，2011)。纤维素降解酶、多酚氧化酶、几丁质降解酶和 FDA(fluorescein diacetate)水解酶等参与土壤碳循环的水解酶大量存在于颗粒态有机质组分中(牛文静 等，2009；戴珏 等，2010)。

根际土壤微生物活性、土壤微生物群落结构无论在基因型还是表型上均和土壤重金属生物有效性密切相关，这一点已被 Suhadolc 等(2004)在重金属长期污染草地土壤中采用土壤随机扩增多态性分析技术的实验证实。生物质炭的多孔性和表面特性能够为微生物生存提供附着位点和较大空间(Satio，1990)，通过对土壤微环境调控促进特殊类群土壤微生物的栖息生长，增强土壤微生物多样性来应对逆境环境(Steiner et al.，2008；Graber et al.，2010；Jindo et al.，2012)；并且微生物功能的增强跟生物质炭的施入量有关(Noguera et al.，2010)。

因此生物质炭输入后，根际微环境改变可能和土壤 Cd 赋存形态改变密切相关。而且根际微环境中，这些对环境响应敏感的土壤颗粒态有机质、根系分泌物、土壤酶活性以及微生物多样性相互紧密联系，并且均对团聚体的形成有重要贡献。而重金属在土壤微环境中的空间分异主要受土壤团聚体分配的制约，进而影响其环境迁移和生物有效性(张良运 等，2009)。为了更加明确根际微环境对 Cd 形态改变的作用机制，我们的视角有必要转向土壤团聚体微域环境。

土壤团聚体颗粒作为最基本的土壤系统单元，是成土过程和外界因素相互作用的产物，活跃地参与地球表层生态系统过程。不同粒径的团聚体颗粒在影响重金属的束缚能力以及生物有效性等方面存在差异(王芳 等，2007)。有研究报道粗砂粒组重金属含量对环境有明显响应(李恋卿 等，2001)。因此，研究土壤重金属团聚体颗粒组微域环境的空间分异对阐明重金属的环境行为具有重要科学意义。目前已认识到野外土壤中污染重金属被优先吸持到富活性有机质的较大团聚体中，Cd 污染可能改变稻田土壤团聚体组成及 Cd 在各颗粒组的分配(张良运 等，2009)，这种改变可能和该土壤微生物数量、微生物功能多样性降低有关(阎姝 等，2008；周通 等，2009)，也可能是由于污染土壤有机质降低，以及较粗团聚体中颗粒态有机碳分配改变 (朱宁 等，2009；潘根兴 等，2009)；尤其是提高了具有较强富集外源有机碳能力的大团聚体含量(朱捍华 等，2008；杨莹莹 等，2012)的结果，而大团聚体中微生物群落有较高的活性；这可能是生物质炭通过改变团聚体微域环境进而影响土壤 Cd 赋存形态的作用机制。

综上所述，关于生物质炭对 Cd 在土壤环境中的迁移、归趋以及生物有效性影响是近年的研究热点，但对于从根际微环境尤其是团聚体微域角度进行影响机制的探寻尚无报道。目前，生物质炭与土壤环境尤其是与微生物群落的关系以及其对控制环境污染物迁移的影响已被列为重点研究方向。基于此，我们假定：在土壤环境受到 Cd 胁迫后，根际土壤微环境发生改变，Cd 生物有效性增强；生物质炭输入后，会通过影响根际土壤颗粒态有机质含量、酶活性及微生物多样性来恢复根际微环境，影响团聚体稳定性与微域环境，进而改变 Cd 赋存形态在颗粒组的分配，最终影响根际 Cd 生物有效性。但生物质炭输入条件下根际微环境对其的响应程度如何？Cd 在不同粒径团聚体颗粒中的迁移分配特征如何？团聚体颗粒中 Cd 分配和根际土壤 Cd 生物有效性的关系如何？这些均需进一步明确。

因此，本书研究正是以生物质炭-根际微环境-团聚体微域环境-镉在团聚体的迁移分配特征-土壤镉形态变化为主线，深入研究以下几方面：①生物质炭输入下根际水稻土 Cd 赋存形态的转化特征；②生物质炭输入对 Cd 污染水稻根际土微环境的影响；③生物质炭输入对土壤团聚体微域环境及镉形态转化的影响。这些均可为丰富生物质炭钝化修复 Cd 污染土壤根际微环境机制理论提供科学依据。

1.2 研究进展

1.2.1 生物质炭基本性状

1. 元素构成

生物质炭主要元素组成为C、H、O、N 等，而C的质量分数最高，在各元素中占66.6%～87.9%，除这些元素外还有灰分元素，主要为 K、Ca、Mg、Si 等(Demirbas，2004；孔丝纺 等，2015)。由此可知，生物质炭富含稳定的 C。当限制供 O 时，生物质炭会随着炭化温度的升高，C 含量增加，H 和 O 含量降低，灰分含量增加。已有研究者利用木屑和麦秆为原料经 200℃、300℃、400℃和 600℃热解制备生物质炭证明了此变化规律(孔露露和周启星，2015)。但其他研究者表明，在利用牛粪热解制备生物质炭中，牛粪生物质炭 C 含量随温度升高而逐渐下降(Cao and Harris，2010)。由此说明生物质炭的元素组成不仅与炭化温度有关，还与材料种类有关。

2. pH

生物质炭一般呈碱性，且制备时热解温度越高，其 pH 越高(Yuan et al.，2011)，原因为其含有一定灰分元素，灰分含量越高，生物质炭的 pH 越高，如 Na、K、Mg、Ca 等矿质元素以氧化物或碳酸盐的形式存在于灰分中，溶解在水中后，溶液呈碱性(谢祖彬 等，2011)。其中有机官能团、碳酸盐和无机碱金属离子是生物质炭呈碱性的主要影响因子，有机官能团的影响作用随着热解温度的升高而降低，碳酸盐和碱金属离子的影响作用却与之相反(许妍哲和方战强，2015)。因此，生物质炭 pH 随热解温度升高而增大。相关研究发现，在热解温度为 300℃和 400℃条件下，生物质炭 pH＜7；当热解温度达到 700℃时，生物质炭 pH＞7(Hossain et al.，2011)。

3. 比表面积和孔隙结构

通过电镜扫描可知，生物质炭具有巨大的比表面积和多孔隙结构，但由于其材料来源和制备条件不同而影响不一。如利用玉米秸秆和沙蒿制备生物质炭的研究表明，随着炭化温度升高，两种生物质炭的比表面积均增大，总孔容呈 V 形变化；当炭化温度小于 400℃时，两种材料生物质炭孔隙结构均保存完整；当炭化温度大于 600℃时，两种材料生物质炭蜂窝状结构均遭到破坏，玉米秸秆生物质炭破坏得更严重；而同一炭化温度下，玉米秸秆生物质炭比表面积及总孔容和平均孔径均大于沙蒿生物质炭(梁桓 等，2015)。随热解温度升高，生物质炭与微孔的比表面积均呈显著增加趋势，当温度达到 600℃时大幅增加，同 500℃相比，分别增加了 933.17%和 3122.90%，因此随热解温度逐渐上升，微孔比表面积占总比表面积比例显著增加(赵世翔 等，2015)。除此之外，加热速率也影响生物质炭孔隙大小。微孔在大气压和低加热速率下形成，大孔则在高加热速率下形成(Cetin et al.，2004)。

4. 官能团

生物质炭表面富含含氧官能团，使其具有良好的吸附、亲水或疏水的特性以及对酸碱的缓冲能力(戴静和刘阳生，2013)。随热解温度升高，生物质炭酸性基团减少，碱性基团增加，总官能团减少，官能团密度减小(徐楠楠 等，2013)。如秸秆黑炭在 300℃和 700℃的裂解温度下酸性基团分别为 2.83 mmol/g、0.3mmol/g，碱性基团分别为 0.04mmol/g、0.29mmol/g(Chun et al.，2004)。官能团数量随制备温度不同而发生变化。

5. 阳离子交换量(CEC)

生物质炭阳离子交换量随着热解温度升高而降低。相关研究发现，当制备生物质炭的温度由 450℃上升到 700℃时，CEC 由$(26.36\pm0.1676)\,cmol\cdot kg^{-1}$下降至$(10.28\pm2.909)\,cmol\cdot kg^{-1}$(Lee et al.，2010)，主要是因为 CEC 与生物质炭中氧碳比有关，当热解温度较低时纤维素分解不完全，羧基、羰基等含氧官能团被保留，导致生物质炭具有更高的氧碳比和较大的 CEC。不同材料制备的生物质炭具有不同的 CEC。杨放等(2015)研究了 9 种材质制备的生物质炭，得到 CEC 为 81.74～179.91 $cmol\cdot kg^{-1}$，均值为 104.42 $cmol\cdot kg^{-1}$，其中乔木、草本和秸秆三类生物质炭的 CEC 均值分别为 90.52 $cmol\cdot kg^{-1}$、114.05 $cmol\cdot kg^{-1}$、154.57 $cmol\cdot kg^{-1}$，且乔木和草本生物质炭与秸秆生物质炭之间达到显著差异($P<0.01$)。

6. 持水性

生物质炭具有持水性，因而可提高土壤持水量。有关研究表明，土壤中施入生物质炭后，可有效改善土壤容重，提高土壤田间持水量和导水性(王丹丹 等，2013)，施用 3%[①]生物质炭两周后可降低土壤 4.1%的水分蒸发量，施用 2.5%和 5%的生物质炭后土壤含水质量

① 本章中表示生物质炭施入量的百分数均为质量分数。

分数分别比对照显著升高了 39.7%和 50.4%(陈静　等，2013)。但 Chun 等(2004)的研究显示，300℃热解秸秆生物质炭，持水量为 13×10^{-4} mL/m²，700℃时为 4.1×10^{-4} mL/m²。可见持水量随热解温度的升高明显减少，主要是因为随着热解温度升高，生物质炭表面极性官能团逐渐减少，导致持水力下降。由此可知，生物质炭的持水性与其热解温度有关，但高海英等(2011)研究表明，随着生物质炭材料、生物质炭基氮肥混入量的增多，土壤垂直土柱水分入渗率均逐渐降低；在水势相同条件下，混入量越大，土壤可保持的水分越多，但超过一定混入量(80t/hm^2)反而会降低土壤持水量。Hardie 等(2014)研究还表明，施用生物质炭对土壤水分含量的影响并不显著，说明生物质炭的持水性受多方面因素影响。

7. 稳定性

生物质炭受自身乃至自然与人为因素的影响，能够抵抗土壤中生物和非生物的降解，因而具有稳定性，主要是因为它既有高度炭化且多芳香性环状结构和烷基结构，且高度紧密聚集，导致其能有效固定碳素，又有团聚体的保护作用，使土壤碳素免遭土壤微生物的降解(陈小红和段争虎，2007)。虽然生物质炭具有稳定性，但其稳定是相对的，受生物质种类、制备条件和土壤环境条件等因素制约。如随着热解温度升高，土壤呼吸速率和 MBC(microbial biomass carbon，微生物量碳)的含量均出现下降趋势，由此表明制备温度越高，生物质炭越稳定(赵世翔　等，2015)。Luo 等(2011)研究发现，土壤培养 87d 后，随着生物质炭制备温度增加，在 pH 分别为 3.7、7.6 的土壤中矿化率明显降低，有机质加入不同温度制备的生物质炭中，在 pH 分别为 3.7、7.6 的土壤中矿化率都有升高。

8. 吸附性

生物质炭的高度孔隙化结构和表面含有官能团等特性使其拥有了良好的吸附特性。生物质炭可以通过表面吸附和分配机制影响重金属的迁移性和生物有效性，因此对土壤重金属修复具有较大潜力(林雪原　等，2014)。以花生壳和中药渣为原料，分别于不同温度下慢速热解制备生物质炭，结果导致 Cd(Ⅱ)在不同热解温度生物质炭上吸附能力及机制有差异(王震宇　等，2014)。仅施 1% 的生物质炭，其小粒径对 Cr(Ⅵ)的吸附固定能力更加明显，在一定条件下是大粒径固定吸附量的 3 倍，在酸雨淋滤作用下也不易解吸，因此添加生物质炭能有效抑制 Cr(Ⅵ)在土壤中的迁移(景明　等，2014)。

1.2.2　生物质炭钝化重金属污染土壤及其作用

1. 生物质炭对土壤中重金属形态转变的影响

当生物质炭被施入土壤后，会通过自身特性直接作用或改变土壤性质等间接作用影响土壤中重金属的赋存形态，从而影响土壤中重金属元素的迁移与生物有效性。而不同形态的重金属其迁移力不同，一般可交换态迁移力最强，其次是碳酸盐结合态、铁锰氧化态、有机物结合态，残渣态一般不迁移。重金属赋存形态还受自然与人文等诸多因素的影响，如土壤 pH、CEC、Eh、SOM(soil organic matter，土壤有机质)含量、土壤质地以及人类活动等。

Jiang 和 Xu(2013)在研究中施入不同作物秸秆制备的生物质炭后，土壤中酸溶态 Cu 含量显著降低。严静娜等(2015)将蚕沙生物质炭施入土壤后，显著降低了土壤中 Cd、Pb 的弱酸可提取态含量，提高了残渣态含量，钝化效果明显。王艳红等(2015)的研究表明，随着稻壳基生物质炭用量的增加，土壤 NH_4OAc 提取态与弱酸提取态的 Cd 含量显著降低，在用量为 25 $g \cdot kg^{-1}$ 时，质量分数分别比对照降低 17.9%和 10.4%，可还原态 Cd 含量无显著变化，可氧化态 Cd 含量呈降低趋势，残渣态 Cd 质量分数增加 17.6%，由此说明施加稻壳基生物质炭后对土壤有效态 Cd 含量与 Cd 化学形态有不同影响。毛懿德等(2015)利用竹炭和柠条炭以 0.1%和 1%的施加量对土壤中重金属 Cd 形态进行研究表明，添加生物质炭与不添加生物质炭相比，可交换态 Cd 含量降低，碳酸盐结合态、铁锰氧化物结合态、有机质及硫化物结合态以及残渣态 Cd 含量上升，且不同添加量和生物质炭种类使各形态 Cd 含量变化不一，其中添加 1%柠条炭处理的钝化效果最显著。Park 等(2011)以 1%、5%和 15%的施入量将鸡粪和绿肥制备的生物质炭分别施入 Cd、Cu 和 Pb 复合污染的土壤中，结果表明，在 15%的量下，施入鸡粪生物质炭后，Pb 可交换态和碳酸盐结合态 Pb 质量分数由 58.8%降至 16.6%，有机结合态和残渣态 Pb 质量分数由 14.5%增至 48.9%；施入绿肥生物质炭后，可交换态 Cd 质量分数降低 21.1%，而有机结合态和残渣态 Cd 质量分数增加 15.6%，可交换态 Pb 质量分数由 39.5%降至 19.0%；施入鸡粪和绿肥生物质炭后，可交换态和碳酸盐结合态 Cu 质量分数分别降至 6.97%和 11.4%。这说明 15%的施入量对复合重金属污染土壤各重金属形态影响显著。

众多研究表明，施用不同材料、不同用量的生物质炭，对土壤中不同种类重金属元素的赋存形态影响存在较大差异。即使是同类生物质炭，对不同重金属元素形态也会产生不同影响。

2. 生物质炭对重金属在土壤环境中的迁移及生物有效性影响

众多研究表明，生物质炭自身理化特性和制备条件的不同对修复重金属污染土壤有重要影响(Uchimiya et al.，2010；佟雪娇 等，2011；严静娜 等，2015)。而这些影响主要引起重金属在土壤环境中的运动变化，使重金属离子迁移转化和生物有效性的改变等，达到原位修复重金属污染土壤的目的。

1) 生物质炭对重金属迁移性影响

当生物质炭施入土壤后，其表面功能基团与表层离子发生氧化还原反应，引起土壤污染物的迁移转化(赖长鸿 等，2015)。生物质炭可通过自身理化性直接影响重金属的迁移能力，或间接提高土壤的 CEC 和 pH，增加土壤有机质含量以及提高微生物活性，从而影响重金属的迁移力，总结相关试验表明，生物质炭能有效降低土壤中 Cu、Pb、Zn 和 Ni 等重金属迁移力，但对不同的重金属效果不一，这不仅与生物质炭自身特性和制备条件相关，还与重金属在土壤中的赋存形态密切相关(黄代宽 等，2014)。相关研究发现，采用小麦壳和桉树制备生物质炭，分别以 1%和 5%的量施入土壤，土壤中的 Cd 浓度下降，并随生物质炭添加量的增加，下降效果更显著(Zhang et al.，2013)。生物质炭施入土壤后可通过提高土壤 pH，降低重金属 Cu 和 Zn 在土壤中的迁移性(Hua et al.，

2009)。提高生物质炭制备温度能增加其对 Cd(Ⅱ)和 Cr(Ⅲ)的最大吸附量，但会降低其对 As(Ⅲ)和 Cr(Ⅵ)的最大吸附量(楚颖超 等，2015)，还会降低重金属 Cd 的有效态含量，使其迁移性得以控制(张迪 等，2016)。由此说明生物质炭材料来源和制备条件不同，会引起土壤理化性改变，改变其对重金属的吸附量，还会引起重金属形态由有效态向无效态转化，从而降低土壤中重金属迁移性。除此之外，也可看出重金属迁移性还受生物质炭用量、土壤类型、重金属污染类型等因素的影响。

2)生物质炭对重金属生物有效性影响

重金属生物有效性决定着其在土壤中毒性的强弱，因此，在修复重金属污染土壤过程中，降低重金属的生物有效性对改善土壤质量至关重要。由于生物质炭自身呈碱性以及含有羟基、羧基等有机官能团，可通过络合、沉淀等化学机制有效固定土壤中的重金属，从而降低重金属元素的生物可利用性。生物质炭对重金属离子还具有较强的吸附作用，在土壤中施入 Pb^{2+}、Cd^{2+}、Cu^{2+}、Zn^{2+}会影响重金属离子的生物有效性(林雪原 等，2014)。如在修复尾矿污染过程中研究发现，施加生物质炭后，降低了 Cd、Pb 和 Zn 的生物利用度，且对 Cd 含量降低影响最大(Fellet et al.，2011)。利用橡木在 400℃下制备生物质炭，作用于重金属污染土壤，Pb 的生物利用度和生物有效性分别降低了 75.8%和 12.5%(Ahmad et al.，2012)。杨惟薇等(2015)研究表明，在同等热解温度下利用不同原料(甘蔗叶、木薯秆、水稻秸秆和蚕沙)制备的生物质炭对土壤镉都有较好的钝化效果，且促进了 Cd 的生物可利用态向生物难利用态转化，从而降低其生物有效性，但四种生物质炭中蚕沙生物质炭对潮土中的 Cd 钝化效果最佳。毛懿德等(2015)研究了不同种类与用量的生物质炭对油菜吸收镉的影响，并通过室外盆栽试验得知，生物质炭添加后能降低土壤镉的有效性和油菜各器官中镉含量，油菜根部、茎秆、油荚和籽粒镉质量分数最大可分别降低 34.06%、39.74%、33.15%和 49.81%。由此说明生物质炭主要通过自身特性与相关制备条件来影响重金属的生物有效性，引起重金属各形态发生转变，进而降低重金属的生物有效性，但因重金属种类以及赋存形态等不同而效果不一。

3. 生物质炭对土壤重金属作用机制研究

1)生物质炭吸附重金属机制

(1)离子交换。生物质炭表面带有大量负电荷和较高的电荷密度，并且富含含氧、含氮、含硫官能团，具有较大的阳离子交换量，可以增加土壤对重金属的静电吸附，理论上能够吸附大量可交换态阳离子(Liang et al.，2006；唐行灿和张民，2014)。蒋田雨等(2013)研究表明，在相同平衡浓度下，添加稻草炭提高了两种土壤表面吸附 Pb(Ⅱ)的解吸率，添加花生秸秆炭却与之相反，说明稻草炭主要增加可变电荷土壤对 Pb(Ⅱ)的静电吸附量，花生秸秆炭主要增加土壤表面对 Pb(Ⅱ)的非静电吸附量，由此可知静电与非静电吸附是生物质炭促进土壤吸附 Pb(Ⅱ)的相关机制。赵保卫等(2015)在利用胡麻和油菜生物质炭吸附铜的机制研究中，通过对吸附前后的 FTIR(Fourier transform infrared spectroscopy，傅氏转换红外线光谱分析仪)分析，推断出生物质炭对铜的吸附机制主要是表面配位反应和离子交换作用，主要是羟基、羧基等官能团可能参与了生物质炭吸附铜的反应。李力等(2012b)用玉米秸秆炭对 Cd^{2+}的吸附机制进行研究，结果表明，离子交换和阳离子-π 作用是玉米秸秆炭对 Cd^{2+}吸附的两种最主要的可能机制。由此说明生物质炭的表面电荷和官能团通过离子交换产生对重金属吸附作用。

(2)络合沉淀反应。生物质炭表面含有丰富的含氧官能团，可以通过与重金属形成表面络合物增加土壤对重金属的专性吸附量(唐行灿 等，2014)。程启明等(2014)用SEM(scanning electron microscope，扫描电子显微镜)分析和FTIR分析表明，PSB(peanut shell biomass carbon，花生壳生物质炭)对Cd吸附主要为多分子层的表层络合吸附；SEM分析表明PSB在吸附 Cd^{2+}以后表面具有大量的颗粒附着物；FTIR分析表明PSB吸附Cd的主要机理为络合反应。林宁等(2016)研究了不同生物质炭材料(水稻秸秆、小麦秸秆、荔枝树枝)，在300℃、400℃、500℃、600 ℃热解下对Pb(Ⅱ)的吸附特性探究中得到水稻和小麦秸秆生物质炭在 600 ℃条件下，主要通过 $CaCO_3$、$Ca_2(P_2O_7)$等矿物组分与Pb(Ⅱ)产生共沉淀作用，荔枝秸秆生物质炭在600 ℃条件下表面含有大量矿物晶体，还含有如—OH、—COOH和C═C等多种表面官能团，可能与Pb(Ⅱ)发生表面络合等反应。Xu和Zhao(2013)研究发现，沉淀作用对牛粪炭吸附Cd、Cu和Zn等重金属的贡献率可高达75.5%～100%，说明沉淀作用对动物粪便制备的生物质炭吸附重金属贡献较大。因此，生物质炭与土壤重金属的络合沉淀反应也因材质、制备条件等差异而不同。

(3)物理吸附。关连珠等(2013)研究表明，通过与对照相比，生物质炭处理对砷的吸附容量和吸附强度降低，生物质炭对砷吸附作用是非线性过程，但主要吸附机制为物理吸附。孟梁等(2015)通过生物质炭对 Cu^{2+}吸附动力学研究得到，芦苇(热解制备温度为350℃、500℃、700℃)生物质炭在初始阶段对 Cu^{2+}的吸附量随时间的延长而迅速增加，随后则随时间变化不显著，其中500℃和700℃条件下，在振荡2 h后分别达到平衡吸附量的94.5%和88.6%，而350℃条件下，在振荡6 h后达到平衡吸附量的96.7%，说明吸附速率和时间具有一定的相关性并受制备温度的影响。

2)生物质炭固化重金属机制

生物质炭能够固持土壤中的重金属离子，从而降低重金属的生物有效性，减弱其向植物各器官迁移，减轻对植物的毒害，因此生物质炭对土壤重金属污染修复具有较大潜力。由于重金属类型各具差异，生物质炭对其在土壤中的固持也呈现不同的效果。前人研究表明(Cao et al.，2009)，生物质炭对重金属的固持机理主要有三种情形：①添加生物质炭后，土壤的pH升高，土壤中重金属离子形成金属氢氧化物、碳酸盐或磷酸盐而沉淀或者增加了土壤表面活性位点；②金属离子与碳表面电荷产生静电作用；③金属离子与生物质炭表面官能团形成特定的金属配合物，这种反应对于特定配位体有很强亲和力的重金属离子在土壤中的固持非常重要。相关研究也表明，生物质炭的应用对土壤金属污染固定有效，输入土壤后引起土壤 pH 升高促进土壤重金属(Cd^{2+}、Ni^{2+})固定(Uchimiya et al.，2010)，从而降低重金属毒性和生物利用度(Park et al.，2011)，重金属(铅)各赋存形态与土壤pH及SOM具有较好的相关性，本身具有的大量碱性物质及羟基、羧基等有机官能团可通过络合、沉淀等化学机制有效实现土壤中铅的固定，由此降低重金属元素的生物可利用性和生态毒性(崔立强 等，2014)。重金属污染导致土壤环境质量恶化，而土壤微生物群落多样性和土壤酶活力是评估污染程度的重要指标(张雪晴 等，2016)。根据重金属污染浓度的不同和种类的差异引起土壤微域环境的显著变化，土壤微生物群落减少，酶活性降低。当生物质炭被施入土壤后，其独特的理化性丰富了土壤微生物群落种类，增强了土壤酶活性，从而对重金属污染土壤起到稳定作用，达到修复的目的。尚艺婕等(2015)研究表明，生物质炭对土壤团聚体的 CEC 影响呈正相关。生物质炭增加了土壤平均 CEC，从而提高了土壤对阳离子的吸附能力，对土壤重金属的污染表现出一定的固持作用。张阳阳等(2015)研究发现，生物质炭输入可在不同程度上缓解 Cd 胁迫对蔗糖酶、脲酶活性及土壤微生物数量的影响，使土壤脲酶、蔗糖酶的活性有所增强，增幅分别为 15.0%、18.4%，细菌、放线菌、真菌数量也有显著增加($P<0.05$)，增幅分别达到 12.7%、62.7%、18.7%。Hmid 等(2015)研究表明，将橄榄废弃物制作的生物质炭添加到土壤中，可提高重金属污染土壤微生物的 Shannon 指数即土壤微生物群落物种丰富度。由此，生物质炭能固持土壤重金属，降低其生物有效性。

1.2.3　生物质炭对土壤团聚体微域环境及重金属污染的作用

1. 生物质炭对土壤团聚体微域环境的作用与影响

土壤团聚体是土壤结构的基本单元，是土壤的重要组成部分。土壤颗粒组成是土壤母质演变过程的体现，是表征和评价土壤结构状况良好与否的重要指标。土壤团聚体在土壤中具有保证和协调土壤中的水肥气热、影响土壤酶的种类和活性、维持和稳定土壤疏松熟化层(张晗芝 等，2010)三大作用。前人研究已经表明，生物质炭的施入对土壤团聚体的紧实度、含水量及 pH 等方面均有显著的影响，本书将不再赘述，而是从生物质炭对土壤团聚体的有机质含量、阳离子交换量及生物量的影响方面入手，分析研究生物质炭的施入对土壤团聚体微域环境的改善效应及对土壤重金属污染的修复机制。

2. 生物质炭对土壤团聚体阳离子交换量的影响

CEC 是土壤缓冲性能力的主要来源，同时也是衡量土壤团聚体供肥能力、保肥能力及抗缓冲能力的重要指标。其受土壤黏粒含量、矿物类型、有机质及土壤 pH 等多种因素的制约。经相关测算证明生物质炭中每单位的阳离子交换量要比邻近土壤高出很多，这是由生物质炭本身的性质所决定的，其众多的微孔结构和强吸附力可以吸附更多的矿物质元素，同时生物质炭还可以通过自身的激活作用使某些处于稳定态的元素变成活化态，因而生物质炭的施入可以显著提高土壤团聚体中的 CEC。研究表明，受具体的土壤类型、生物质炭的用量及生物质炭在土壤中所保留的时间等诸多因素的制约，生物质炭对土壤团聚体 CEC 的影响作用差异很大，不同类别的生物质炭对土壤团聚体 CEC 的影响也不同，这主要是由生物质炭的基质不同引起的(Kishimoto and Flanagan，1985；Zwieten et al.，2010)。一般而言，有着较高矿质含量及灰分含量的生物质炭对土壤团聚体的 CEC 改善效果更为明显(Downie et al.，2009)。生物质炭对土壤团聚体 CEC 的改善与其和土壤作用的时间及生物质炭的施入量也有很大的关系，生物质炭与土壤作用的时间越长，用量越大，土壤团聚体中的 CEC 增大越明显。易卿等(2013)向土壤中分别添加水稻黑炭及樟木黑炭培养 90d 后，测得水稻黑炭施入量为 2%、4%、6%的土壤平均 CEC 比 CK 分别增加了 $4.71cmol\cdot kg^{-1}$、

6.38cmol·kg^{-1}、7.25cmol·kg^{-1}；而樟木黑炭施入量为2%、4%、6%的土壤CEC平均值比CK分别增加了2.90cmol·kg^{-1}、8.33cmol·kg^{-1}、8.52cmol·kg^{-1}。综上，生物质炭对土壤团聚体的CEC影响呈正相关关系。生物质炭增加了土壤平均CEC，从而提高了土壤对阳离子的吸附能力，对土壤重金属的污染表现出一定的固持作用。

3. 生物质炭的施入对土壤团聚体养分及有机质的影响

土壤养分对土壤团聚体理化性质及生物学性质的影响也很显著，是植物和微生物生命活动所必需的养分和能量的源泉，同时对土壤污染物的迁移转化有显著的影响(Karaosmanoglu et al.，2000)。生物质炭对土壤团聚体养分产生影响，主要是因为生物质炭具有较大的比表面积和较强的吸附作用，这有利于土壤团聚体的保肥、保水。同时生物质炭可以稳定土壤的有机碳库，土壤有机碳含量的提高会使土壤中的C/N升高，从而使土壤对氮素及其他养分元素吸持容量增大，提高土壤的肥力。此外，生物质炭还可以有效降低农田氨的挥发，减少土壤养分流失，从而延长土壤养分的有效期。生物质炭对土壤团聚体养分的提高还与其在土壤中的作用时间及用量有很大关系(Ozcimen and Karaosmanoglu，2004)。实验表明，生物质炭配合肥料或生物质炭与肥料复合将会使肥力效果更加明显。土壤有机质是土壤团聚体的重要成分，尽管其在土壤中的含量很低，但是在维系土壤质量、土壤养分及肥力和土壤的农业可持续利用方面都有着极其重要的作用。研究表明，施用生物质炭可显著提高土壤有机碳的积累，增强土壤有机质的氧化稳定性，降低土壤水溶性有机碳(张明奎和唐红娟，2012)的含量。陈红霞等(2011)向土壤中施入低量秸秆炭(2250kg·hm^{-2})和高量秸秆炭(4500kg·hm^{-2})后，土壤有机质氮质量分数分别升高84.6%和121.3%，有机碳质量分数由6.2g·kg^{-1}和9.0g·kg^{-1}增加到8.72g·kg^{-1}和11.50g·kg^{-1}。周桂玉等(2011)将不同用量的松枝生物炭和秸秆生物炭添加到土壤中，培养45h后，土壤团聚体有机质的质量分数随着生物质炭用量的增加发生了明显的变化，从空白对照的16.2g·kg^{-1}分别增加到1%处理的22.6g·kg^{-1}、2%处理的29.2g·kg^{-1}和0.4%处理的18.7g·kg^{-1}。尹云峰等(2013)将稻草及其制备的生物质炭施入土壤中培养112d后，利用同位素标记技术测得来自生物质炭的新碳主要对土壤中团聚体(50～200μm)影响显著，进入中团聚体的新碳质量分数为70.3%～75.3%，同时，生物质炭的添加显著促进了大团聚体(250～2000μm)中原有机碳的分解，但对中团聚体和微团聚体(<50μm)原有机碳的影响不明显。杨瑞吉等(2006)向土壤中施入外源有机物料，显著提高了土壤耕层水稳性团聚体质量，耕层土壤黏粒分散率显著降低；小于0.001mm的土壤团聚体破坏率和特征微团聚体比例亦显著降低。易卿等(2013)向土壤中施入水稻黑炭及樟木黑炭后测得不同类别生物质炭的施入对土壤有机质的影响不同：其中添加水稻黑炭的土壤有机质含量提高率为3.80%～54.85%，而添加樟木黑炭的土壤有机质含量提高率为10.97%～61.60%。这表明生物质炭及外源有机物料的施入可以改善土壤的颗粒组成结构，提高土壤的肥力，生物质炭的添加有利于土壤团聚体有机质的形成和积累，对于提高土壤质量、改善土壤有机碳库具有重要的意义。

4. 生物质炭对土壤团聚体酶活及微生物的影响

土壤团聚体酶活性参与催化土壤中所有的生物化学过程，土壤酶活性可以间接反映土壤中生物化学反应的活跃程度、土壤微生物的活性以及养分物质的循环状况。目前国内外有关生物质炭的施用对土壤酶活性影响的研究较少，主要集中在与碳氮物质循环相关的少数几种酶(黄剑，2013)。由于生物质炭独特的理化性质，其可以加速土壤中生物化学反应的活跃程度、土壤微生物的活性以及养分物质的循环状况(花莉　等，2009)，进而改变土壤酶的活性。研究表明，生物质炭施用会提高与 N、P 等矿物质元素利用的土壤团聚体酶活性，具体的酶类型是脲酶和磷酸酶，脲酶是一种对尿素专性较强的酶，它能酶促尿素水解成氨、二氧化碳和水，其活性反映土壤无机氮的供应能力；磷酸酶是一种水解酶，能加速有机磷的脱磷速度，提高土壤磷素有效性，其活性是评价土壤磷素生物转化方向与强度的指标(Zwieten et al.，2010；Sun et al.，2011)。而同时，生物质炭的施入又降低了参与土壤碳矿化等生态学过程的土壤酶活性，这是由于生物质炭的强吸附作用，使得生物质炭对土壤团聚体酶活性的影响较为复杂，一方面，生物质炭对反应底物的吸附有助于酶促反应的进行，从而提高土壤团聚体的酶活性，另一方面，生物质炭对酶分子的吸附对酶促反应结合位点形成保护，阻止酶促反应的进行(黄剑，2013)。牛文静等(2009)研究表明，外源有机物料的施入对土壤中 200～2000μm 粒组的蔗糖酶、脲酶、纤维素酶及 FDA 水解酶的活性均有显著的提高，可见土壤中大团聚体中的酶活力对于外源有机物料的施入较为敏感。因此，生物质炭对土壤团聚体酶活性的影响不尽相同。生物质炭对土壤团聚体微生物的影响也很显著，Birk 等(2009)认为生物质炭能促进土壤团聚体颗粒组微域环境中两种最常见菌类的繁殖，即丛枝菌根(arbuscular mycorrhiza，AM)和外生菌根(ectomycorrhiza，EM)，施用生物质炭后，松树幼苗的根部 EM 侵染率比对照提高了 19%～157%。Steiner 等(2008)发现通常土壤中生物质炭的施入量为 5%～10%时，土壤呼吸水平及土壤微生物量与生物质炭含量呈线性关系。韩光明等(2012)在土壤中施入生物质炭后，发现土壤中的细菌、真菌以及放线菌的数量和微生物量均显著提高，且反硝化细菌、氨化细菌及好氧自生固氮菌的数量均显著增加。Khodadad 等(2011)通过实验研究证明，添加生物质炭能减少土壤团聚体中的微生物总多样性，但是放线菌门及芽单胞菌门的相对丰度却有所增加。一般认为，生物质炭能提高土壤微生物多样性的原因是生物质炭巨大的空隙结构能为微生物繁殖提供相当安全的场所，或者生物质炭吸附土壤中有毒物质有利于微生物的繁殖(Solaiman et al.，2010)。但也有施入生物质炭后土壤团聚体中微生物种类减少的情况，如森林土壤和亚马逊黑土施用生物质炭后，其微生物多样性及古细菌、真菌种类减少(Taketani and Tsai，2010)。生物质炭对土壤微生物量的影响随着生物质炭的类型不同也有所差异，Steinbeiss 等(2009)向土壤中分别加入葡萄糖制备的生物质炭及发酵物制备的生物质炭，测量发现，添加葡萄糖制备的生物质炭后，土壤微生物量减少，而添加发酵物制备的生物质炭后，土壤微生物量没有变化。因而可以得知，生物质炭的施入对土壤团聚体颗粒微域环境的影响呈现复杂化态势。

1.2.4 生物质炭对土壤酶活性的影响

1. 土壤酶研究概述

1) 土壤酶简介

土壤酶是一种由生物细胞产生的生物催化剂，其主要成分是蛋白质。土壤酶的活性可以表征土壤中生物的活性，是土壤新陈代谢的重要因素。土壤酶在生态系统中具有重要地位(Glaser et al.，2001)，土壤中各种生化反应都是在相应酶的参与下完成的。土壤酶参与生化反应，可以显著加快反应速度，减少反应时间，但反应的平衡点不改变，性质和结构在反应前后也都没有发生改变；酶具有高度专一性，其催化对作用底物具有严格的选择性。在常温、常压和近中性的水溶液中，酶就可以进行催化反应，且与无机催化剂相比，酶的催化效率可以高出几千倍甚至百亿倍(胡开辉 等，2006)。土壤酶可以作为土壤质量的生物活性指标与土壤肥力的评价指标(万忠梅和吴景贵，2005)。土壤酶的研究与土壤肥力的研究联系非常密切。有关研究表明，可以用过氧化氢酶、蔗糖酶活性来评价土壤肥力状况。业内专家指出，用土壤酶作为评价土壤肥力的指标是完全可行的(He et al.，2000)。

2) 土壤酶的分类

根据土壤中酶的分布特征，将土壤酶分为两种类型(He et al.，2000)：一类是有关游离增殖细胞的生物酶；另一类是与活细胞无关的非生物酶。一部分酶只能游离在细胞内起作用，但绝大多数酶是在土壤溶液、细胞碎屑、死细胞或土壤基质中起作用(Burns，1982)。

土壤中主要涉及的酶是氧化还原酶、水解酶、转移酶、裂解酶。本书主要研究对土壤重金属污染及生物质炭反应较为灵敏的酶类，即氧化还原酶及碳循环酶(表 1.1)。重金属对氧化还原酶的主要作用机理有：重金属可以直接作用于酶分子，使酶的构象发生改变，从而影响酶的活性；重金属抑制土壤微生物的生长繁殖，使微生物体内酶的合成和分泌量减少，进而影响酶的活性；重金属影响作物的代谢活力，使根分泌、释放酶的能力受影响。生物质炭独特的理化性质使其可以通过加速土壤中生物化学反应的活跃程度、土壤微生物的活性以及养分物质的循环状况，进而影响土壤碳循环类酶的活性。

表 1.1 土壤酶的分类及功能

名称	类别	主要功能
氧化还原类酶	过氧化氢酶(catalase)	催化 H_2O_2、氧化酚类、胺类为醌
	蔗糖酶(invertase)	水解蔗糖，产生葡萄糖和果糖
	脲酶(urease)	水解尿素，生成 CO_2 和 NH_3
	磷酸酶(phosphatase)	将有机磷类化合物水解为无机磷
碳循环类酶	纤维素酶(cellulase)	水解纤维素，生成纤维二糖
	蛋白酶(proteinase)	分解土壤氮素，调整作物氮素营养
	FDA 水解酶(FDA enzyme)	水解 FDA(荧光素二乙酸)

2. 镉污染的土壤酶特点

镉污染对土壤酶的作用机理可以分为三种类型(Luke et al.，2011；李力 等，2012a；陈晓博，2013)：①镉改变酶蛋白的表面电荷和酶催化反应的平衡性质，从而增强酶活性，起到激活作用；②镉作用于酶分子，使酶的构象改变，从而影响酶的活性；③镉抑制土壤微生物的生长繁殖，使微生物体内酶的合成和分泌量减少，进而影响酶的活性。有研究表明，重金属对土壤酶的作用分为激活效应或抑制效应，这与重金属的种类、浓度、土壤类型等有关。研究认为重金属降低了土壤中微生物的数量和活性，从而使土壤酶的分泌和合成减少，使土壤酶活性降低。同时，土壤酶本身对重金属污染的反应敏感程度存在差异，效应方向(抑制或激活)和强度各有不同，其中磷酸酶、脲酶、过氧化氢酶、蛋白酶等对重金属的效应表现得比较敏感(Chan et al.，2007；李花粉 等，2011)。这些种类的酶在一定范围内的活性变化可以作为判断土壤重金属污染程度的指标。

3. 土壤团聚体的形成与特点

1) 土壤团聚体的形成

近几十年来，国内外研究者对土壤团聚体的形成及其特性做了大量的研究。这些研究主要认为有机-无机复合体是土壤水稳性团聚体形成的物质基础。腐殖质和矿物黏粒是土壤中最活跃的部分，呈胶体状态存在。腐殖质以松结态、紧结态和稳结态三种结合方式胶结在黏粒矿物表面，形成有机-无机复合体(罗泽娇和张随成，2005)。在土壤中，小的微团聚体通过多种方式进一步集结，逐渐形成不同粒级的团聚体。可见土壤团聚体的形成过程是一个渐进的过程，在一定条件下，单粒可直接形成团聚体。土壤团聚体的形成是在足够的细小土粒胶结作用、凝聚作用及团聚作用等条件下共同作用产生的。

2) 土壤团聚体的特点

土壤团聚体是土壤结构的基本单元，其形成和稳定主要是通过土壤中各种胶结物质的胶结作用实现的。土壤颗粒组成是土壤母质演变过程的体现，是表征和评价土壤结构状况的重要指标。保证和协调土壤中的水肥气热、影响土壤酶的种类和活性、维持和稳定土壤疏松熟化层是土壤团聚体在土壤中的“三大作用”。土壤团聚体与土壤肥力的关系密不可分，经过前人大量的研究，目前已基本明确了土壤中各级团聚体的作用及其对土壤肥力的影响(王清奎和汪思龙，2005)。吴鹏豹等(2012)研究了不同肥力水平下的土壤团聚体的组成，其结果显示：随着土壤肥力水平的提高，大于 10μm 的微团聚体含量增加，增加幅度为 2%～5%。同时，不同粒级的团聚体，其有机质的含量和性质都不尽相同。前人的文献已经表明(Steinbeiss et al.，2009)，生物质炭的施入可以显著影响土壤团聚体的紧实度、含水量及 pH。

4. 生物质炭对土壤酶活性的作用与影响

1) 生物质炭的施入对土壤酶活性的影响

因为生物质炭具有多孔及比表面积较高的物理性质，其在镉污染土壤修复领域展示出极大的应用潜力(朱庆祥，2011)。有研究表明，生物质炭对杀虫剂的吸附能力是土壤的 2000 倍(刘祥宏，2013)。通过生物质炭对杀虫剂的吸附，降低了杀虫剂和其他有机污染物在植物中的积累，有助于提高土壤的酶活性值。生物质炭对重金属也有很高的吸附容量，向土壤中添加生物质炭可以增加土壤对重金属的吸附容量。用取自污染场地的土壤进行为期 60d 的培养试验，结果表明，加入生物质炭后，土壤空隙水中镉的浓度降低了 10 倍，从而减少了镉对植物的毒害作用，从本质上提高了土壤的酶活性(弋良朋 等，2009)。邵东华等(2008)测定内蒙古大青山油松及虎榛子混交林的酶活性变化值后得知，林木根际酸性磷酸酶、碱性磷酸酶、蔗糖酶和脲酶活性值均高于非根际土壤，这是因为林木的枯落物也是一种有机肥料，对根际土壤酶活性的提高发挥了重要作用。吉艳芝等(2008)向两种混交林中施入生物质炭后，其根际及非根际土中过氧化氢酶活性分别增加了 84.1%及 53.4%；而蛋白酶的活性分别增加了 80.0%及 62.2%。可见，生物质炭的施入对土壤中各类酶活性的提高及恢复均具有重要的意义。

2) 生物质炭的施入对土壤团聚体酶活性的影响

详细内容可以参考 1.2.3 节中的“3. 生物质炭的施入对土壤团聚体养分及有机质的影响”。

1.2.5 生物质炭对土壤微生物群落结构及多样性的影响

1. 重金属污染对土壤微生物的影响

土壤在重金属胁迫下，周围的空气、水、动物、植物等都在生理生化等方面对土壤的污染做出响应，而土壤微生物较植物对重金属的胁迫更具敏感性。一定范围内的重金属污染对土壤微生物可产生影响，主要表现在微生物量、微生物的活性、微生物种群结构及多样性三方面。反之，土壤微生物这三方面的变化也可反映土壤重金属污染的程度。

1) 重金属污染对土壤微生物量的影响

土壤微生物量(microbial biomass，MB)，是指土壤中体积小于 $5\times10^3\mu m$ 的生物总量，是土壤有机质的活性部分，但不包括活的植物体(如植物根系等)(巨天珍 等，2011)。土壤微生物量与土壤中有机质含量以及土壤理化性质密切相关。因此，其在维持土壤生态系统平衡方面有重要意义。目前，国内外大量研究表明：土壤重金属污染对土壤微生物量有不同程度的影响。Kandeler 等(1997)研究指出 Cu、Zn、Pb 等重金属污染矿区，靠近矿区的土壤微生物量明显低于远离矿区的土壤微生物量。土壤重金属污染会导致土壤微生物量减少。杨元根等(2002)研究发现，早期低浓度 Cu 处理下土壤微生物量升高，高浓度 Cu 处理下土壤微生物量则降低；土壤微生物量碳与有机碳的比值降低，但随着时间延长，这种效应会减弱。这种效应的减弱可能与土壤微生物对重金属的抗性有关，随着污染时间推移，土壤微生物提高了抗性能力，适应了污染的土壤环境。可见，重金属污染促使土壤微生物量变化，并且这种变化与重金属的类型、浓度有关。徐照丽等(2014)在水稻土和红壤两种类型土壤中添加 Cd，并研究其对土壤微生物的影响，结果表明，外源 Cd 对土壤微生物量及影响程度与土壤类型及添加 Cd 浓度有关。线郁等(2014)研究表明土壤微生物量碳对土壤重金属污染的响应受到土壤本身理化性质的影响。以上均说明重金属污染下土壤微生物量的变化受周围环境的制约。

2) 重金属污染对土壤微生物活性的影响

重金属进入土壤还会导致微生物呼吸强度发生变化。微生物的代谢熵是微生物活性反应指标之一，它反映了单位生物量的微生物在单位时间里的呼吸作用强度。一般研究认为，土壤微生物的代谢熵通常随着重金属污染程度的加重而上升。Chander 和 Brookes(1992) 研究认为，高浓度重金属土壤中微生物利用有机碳更多地作为能量代谢，以 CO_2 的形式释放，而低浓度重金属土壤中微生物能更有效地利用有机碳转化为微生物量碳。张彦等(2007) 的研究也验证了土壤微生物代谢熵随着土壤重金属含量增加而升高。张晓宇等(2010) 研究发现，Cd 胁迫对土壤微生物活性的抑制率由高到低为细菌＞放线菌＞真菌。土壤微生物的呼吸是土壤呼吸的一个重要的组成部分。王松林等(2015) 研究显示，Cd 对土壤微生物及土壤呼吸作用的影响比 Al 小。可见，土壤微生物活性与重金属的类型、性质、浓度相关联。

3) 重金属污染对土壤微生物种群结构及多样性的影响

土壤微生物种群结构及多样性是表征土壤生态系统群落结构稳定性的重要参数。一般而言，土壤环境越适宜，微生物多样性就越高，土壤重金属污染会降低土壤微生物的多样性。Bruce(2003) 的研究表明，在农田土壤中 Zn 含量超标会大大降低土壤微生物的多样性。杭小帅等(2010) 对电镀厂附近不同距离重金属污染土壤的微生物群落结构变化进行研究，结果显示，土壤微生物群落功能多样性及脱氢酶的活性与重金属 Zn 的相关性不显著。可能有两个原因造成这种结果：一是土壤自身对 Zn 有固定作用；二是土壤长时间受 Zn 污染，微生物群落结构发生显著变化，即敏感性菌群减少，抗性菌群增加，而使其趋于均一化，导致不同样点土壤微生物的群落结构表现出相似性。林海等(2014) 研究显示 Cu 和 Zn 对于细菌群落的影响作用不完全相同，Cu 的抑制作用较明显，而 Zn 体现了两面性，一方面提高了微生物群落的丰度，另外一方面抑制了种群的分布，并不是简单的线性关系。程东祥等(2009) 研究发现，不同化学形态的重金属(Pb、Cd、Cu、Zn 和 Ni) 对土壤微生物群落结构影响明显不同，碳酸盐结合态的 Pb 和 Ni 对放线菌的生长繁殖具有刺激作用，碳酸盐结合态 Zn 对细菌的生长繁殖具有刺激作用，铁锰氧化物结合态和有机结合态的 Zn 与有机结合态的 Cu 对细菌、放线菌的生长繁殖具有刺激作用。赵岩顺等(2014) 研究表明，重金属 Cd^{2+} 污染的建筑垃圾对土壤细菌的生长造成抑制，尤其对以大肠杆菌为代表的革兰氏阳性菌的抑制作用较强，且污染物质量分数越高、作用时间越长，抑制程度越强。综上，重金属污染条件下土壤微生物的群落结构变化与重金属的性质、形态、浓度、土体环境、微生物特性、污染时间等密切相关。

2. 生物质炭对重金属污染土壤中微生物的影响

土壤微生物从微生物量、微生物活性、微生物群落结构及多样性三方面对重金属胁迫做出响应。生物质炭输入后，由于生物质炭对重金属有吸附固持作用，而生物质炭和重金属对土壤微生物效应的作用方向不一，因此，在生物质炭与重金属相互作用过程中，土壤微生物在上述三方面的响应变得更为复杂。有研究表明，有些微生物可以把黑色碳作为生存的唯一碳源，说明土壤在加入生物质炭以后会促进某一类群微生物的生长(Hamer et al., 2004)。但又有研究发现，将生物质炭添加到土壤中，经长时间的培养后，仅有微量的生物质炭成分在微生物体中被鉴定出来(Maestrini et al., 2014)。因此，生物质炭施入土壤后，通过直接或间接作用，影响土壤中微生物的繁衍生息、生长代谢。一方面，生物质炭以自身独特的性质直接影响土壤微生物；另一方面，生物质炭通过吸附、络合、螯合、固定等方式来消减重金属对土壤的毒害作用，改善土壤的理化性质，提高土壤养分含量，从而调控土壤微生物生长代谢的微环境，达到间接影响土壤微生物的目的。

1) 生物质炭的特性

生物质炭含有大量元素如 C、H、O、N，还含有丰富的土壤养分元素如 N、P、Ca、Mg、K，以及微量元素 Mn、Zn、Cu 等(张千丰和王光华，2012)，这些元素可为微生物生长提供充足的养分。生物质炭还具有丰富的微孔结构和巨大的比表面积。因此，生物质炭可作土壤微生物栖息、生活的微环境，减少微生物之间的生存竞争(丁艳丽 等，2013)，保护有益微生物。进一步分析表明，生物质炭具有高度的芳香化合结构，含有大量的酚羟基、羧基、羰基等含氧官能团，具有大量的表面负电荷以及高电荷密度，这些性质使生物质炭具备良好的吸附性。微生物能够被生物质炭吸附到表面，使它们不易受土壤淋洗的影响，提高土壤中微生物的丰度。生物质炭中含有碳水化合物等大分子有机物与土壤中的矿物质形成有机-无机复合体即土壤团聚体，土壤团聚体的保护作用使生物质炭具有微生物惰性，不易被分解，稳定性强，能在土壤中长期存在。

生物质炭与土壤相比，具有较高的 pH、阳离子交换量和 C/N，一般呈碱性(张阿凤 等，2009)。它能提高土壤的 pH 和 C/N，细菌适宜生活在微碱性环境的土壤中(Rousk et al., 2010)，而 C/N 高的土壤，固氮微生物的活性更高。生物质炭还能够较好地改善土壤的持水和供水能力。在高温、干旱条件下保持土壤相对潮湿的孔隙，满足微生物对水分的需求。土壤的持水和供水能力得到提高之后，水溶性营养离子的溶解迁移也就会减少，不易被淋失，并保证其在土壤中持续而缓慢地释放，满足了微生物对营养元素的需求(张又弛和李会丹，2015)。

生物质炭的结构、比表面积、孔隙、pH、灰分等理化性质受其制备条件和生物质原料的影响。颜钰等(2014)以猪粪便、玉米秸秆和松树木屑为原料，分别在 250 ℃和 400 ℃温度条件下制备生物质炭，对其理化性质进行表征。结果显示，与 250 ℃下制备的生物质炭相比，400 ℃下制备的生物质炭极性官能团数量更少，芳香度更高，疏水性更强，比表面积更大，孔结构发育更加完全，灰分含量更高。同一温度下，植物来源的生物质炭比动物来源的生物质炭比表面积大，而动物来源的生物质炭的灰分含量明显高于植物来源的生物质炭。土壤中微生物对不同理化性质的生物质炭响应机制不一。

2) 生物质炭对土壤微生物生物量的影响

在重金属胁迫下土壤微生物量降低，土壤微生物量与土壤 pH、全磷、有效磷和有机质含量均呈极显著的正相关关系，而生物质炭能提高土壤中有机质等的含量(王丽红 等，2015)。研究结果表明，玉米和水稻两种秸秆生物质炭均可以增加土壤微生物量碳含量，且表现为生物质炭制备温度越高，土壤微生物量碳含量越高(李明 等，2015)，但木质生物质炭的添加会降低土壤微生物量碳的含量(Dempster et al., 2012)。这可能是由于秸秆炭较木质炭有更大的孔隙和比表面积，能保存大量的营养物质，为微生物提供更多的养分以及更大的栖息环境。一般情况土壤微生物碳、氮含量与生物质炭添加量呈正比关系。韩光明等(2012)在设施土壤中添加了不同量生物质炭($0kg\cdot hm^{-2}$、$12500kg\cdot hm^{-2}$、$25000\ kg\cdot hm^{-2}$)，研究表明，土壤微生物量随生物质炭添加量增加而升高；陈心想等(2014)也在塿土中施加不同量生物质炭($0\ t·hm^{-2}$、$20\ t·hm^{-2}$、$40\ t·hm^{-2}$、$60\ t·hm^{-2}$、$80\ t·hm^{-2}$)，结果显示，当施加量为 $80\ t·hm^{-2}$ 时，土壤微生物量碳、氮含量提高效果最显著；但 Dempster 等(2012)在室内培养添加不同量源自木材的生物质炭($0\ t·hm^{-2}$、$5\ t·hm^{-2}$、$25\ t·hm^{-2}$)，结果表明高施加量生物质炭与对照相比微生物量碳含量显著降低。综上，土壤微生物量对生物质炭的响应非常复杂，可能与生物质炭制备条件(材料类型、热解温度)、生物质炭添加量、土壤类型等密切相关。

3) 生物质炭对土壤微生物活性的影响

重金属胁迫下，土壤的微生物活性降低，其代谢熵随之升高。代谢熵较低的土壤，微生物对碳的利用效率较高，维持相同微生物量所需的能量就越少，土壤质量也就越好。匡崇婷等(2012)研究表明在添加生物质炭 0.5%和 1.0%时土壤微生物代谢熵分别降低 2.4%和 26.8 %，代谢熵随着生物质炭添加量的增加而显著下降；添加 0.5 %和 1.0 %生物质炭的土壤，经培养 90d 后，土壤微生物代谢熵明显低于不加生物质炭的土壤。这说明生物质炭对土壤微生物活性的影响不仅与生物质炭添加量有关，还与添加时间密切相关。Pietikainen 等(2000)认为添加生物质炭能够提高微生物群落的呼吸代谢速率。吕伟波等(2012)将生物质炭添加到森林土、菜地土和水稻土三种土壤中，结果表明生物质炭能够改变微生物整体活性，促进三种土壤的呼吸作用，但是对三种土壤的促进程度具有差异性。由此可见，土壤类型和质地也是土壤微生物活性的影响因素之一。候亚红等(2015)研究表明，秸秆还田提高土壤微生物的生物量，从而提高土壤的呼吸作用，而秸秆生物质炭对土壤微生物的活性指标没有明显的影响，这可能与秸秆还田后可提高土壤微生物的某种酶活性有关。

4) 生物质炭对土壤微生物种群结构及多样性的影响

重金属污染土壤中微生物多样性也会降低，很早便有研究表明生物质炭对微生物量整体影响不大，而对其群落结构影响较大。其中不同的微生物种类对生物质炭施用的响应具有多样性，因而生物质炭能够调控土壤微生物的群落组成和多样性，促进土壤中有益微生物数量。

(1) 生物质炭对土壤微生物功能多样性、结构多样性的影响。土壤微生物的功能多样性是指土壤微生物群落所能执行的功能范围以及这些功能执行的过程，对自然界的元素循环具有重要意义，是定量描述土壤环境微生物群落变化特征的重要指标之一。微生物结构多样性是指土壤微生物群落在细胞结构组分上的多样性，这是导致微生物代谢方式和生理功能多样性的直接原因。陈伟等(2013)用 Biolog ECO 平板分析法研究表明，生物质炭和生物肥配施可增加茶根际土壤微生物多样性。李明等(2015)用磷脂脂肪酸法研究玉米秸秆、水稻秸秆烧制成的生物质炭添加到土壤后土壤微生物的变化，结果表明，两种秸秆炭的输入均可以增加革兰氏阴性细菌、革兰氏阳性细菌、放线菌和真菌的含量，均改变了土壤的微生物群落结构。但是水稻秸秆炭对土壤微生物群落结构的影响较玉米秸秆炭更显著。多数研究表明土壤微生物多样性随生物质炭施加量的增加而增加。但有研究却表明土壤磷脂脂肪酸含量并未随生物质炭施用量的增加而增加(胡云飞 等，2015)。这就说明土壤微生物对生物质炭的响应复杂，土壤中微生物多样性的变化不仅受生物质炭施加量制约，还可能与生物质炭的性质、试验时间、土壤类型和质地等因素有关。顾美英等(2014)

研究显示，施用生物质炭对新疆连作棉田根际土壤细菌和真菌数量、群落结构和多样性均有提升作用，风沙土作用效果好于灰漠土。

(2)生物质炭对土壤微生物遗传多样性的影响。土壤微生物的遗传多样性是指土壤微生物在基因水平上所携带的各类遗传物质和遗传信息的总和，这是土壤微生物多样性的本质和最终反映。与高等生物相比，微生物的遗传多样性表现更为突出，不同种群间的遗传物质和基因表达具有很大差异。何莉莉等(2014)的 PCR-DGGE 研究结果显示，施加生物质炭与未施加生物质炭、秸秆还田的土壤相比，细菌种群较多。土壤向“细菌型”发展，这种“细菌型”的土壤被一些学者认为是土壤肥力提高的标志。Chen 等(2013)基于 16S rRNA 和 18S rRNA 基因，利用 T-RFLP 和 PCR-DGGE 系统，对经过生物质炭改良的微酸性稻田土壤中微生物数量和群落结构进行表征，结果表明，秸秆生物质炭的添加增加了土壤中细菌基因的丰度，降低了真菌基因的丰度。但又有研究表明，生物质炭促进华北潮土中某类特异型细菌生长的同时也抑制了原有土壤细菌的生长，土壤细菌群落结构多样性指数和均匀度下降(乌英嘎 等，2014)。这也许是因为生物质炭施用改善了土壤微环境，为某类细菌生长提供有利条件，引起细菌群落个体或数量差异增大，群落均匀度降低，进而导致多样性指数减小。宋延静等(2014)研究表明，在滨海盐碱土中生物质炭的添加量显著影响了固氮菌的群落结构。进一步研究显示，竹炭的颗粒直径对土壤中细菌含量和群落结构特征的影响大于添加量(李松昊 等，2014)。添加同一类型生物质炭对不同类型土壤微生物基因多样性的影响也大相径庭。韩光明(2013)通过克隆测序分析得出，白浆土生物质炭处理分离得到 12 株特异性菌落，而潮土经处理后分离得到 6 株特异性菌落，且在同一类型土壤中，培养时间不同，生物质炭对土壤微生物的种群结构和多样性的影响也存在差异，这表明生物质炭对土壤微生物多样性的影响还受添加时间控制。

1.3 研 究 方 法

1.3.1 材料与实验设计

1. 生物质炭对污染土壤镉形态转化的影响及作用机制研究

1)供试土壤采集与供试材料

(1)采样布点。为了避免主观误差，提高样品的代表性，采样线路为 S 形，同一块耕地里每一个点采集的土样量和采样深度(5～20cm)基本保持一致，然后把这块耕地里各个点采集土样装进一个大塑封袋中编号。模拟实验一和模拟实验二供试土壤均采自云南个旧矿区污染红壤。

(2)土样制备与保存。

①土样风干。将采回的土样摊放在塑料布上，于室内通风处阴干。在土样半干时，将大的土块弄碎，方便以后研磨。土样风干场所要避免酸蒸汽、氨气和灰尘的污染。

②土样粉碎。将风干的土样倒在木板上，用木棍研细，使其通过 2mm 孔径的筛子，

混匀后用四分法分成两份，一份做物理分析之用，一份继续研细使其通过 1mm 孔径的筛子，做化学分析之用。

③土样保存。经过处理后的土样存放在塑料封口袋中，并注明样品编号、土类名称、采样时间、孔径等项目，放于 4℃冰箱中保存备用。

(3) 供试材料。供试土壤基本性质如表 1.2、表 1.3 所示。

表 1.2　模拟实验一中的土壤基本性质

pH	有机质/$(g \cdot kg^{-1})$	全氮/%	速磷/$(mg \cdot kg^{-1})$	速钾/$(mg \cdot kg^{-1})$	全镉/$(mg \cdot kg^{-1})$
6.38	33.25	0.132	16.2	102.6	0.351

表 1.3　模拟实验二中的土壤基本性质

pH	有机质/$(g \cdot kg^{-1})$	全氮/%	速磷/$(mg \cdot kg^{-1})$	速钾/$(mg \cdot kg^{-1})$	全镉/$(mg \cdot kg^{-1})$
6.01	31.37	0.128	15.14	93.7	2.033

供试生物质炭采用商用秸秆生物质炭(购自河南三利集团)，其基本性质如表 1.4 所示。

表 1.4　生物质炭的基本性质

生物炭	pH	BET 比表面积/$(m^2 \cdot g^{-1})$	CEC/$(mol \cdot kg^{-1})$
600R BC	9.03	23.26	185.56

2) 实验设计

称取过 20 目筛供试土壤装于盆钵(口径为 20 cm、底径为 15 cm、高 30 cm)中，每盆装土 3 kg，共计 36 盆。36 盆土壤随机分为 3 组，每组 12 盆，每组中分别加入 Cd($CdCl_2 \cdot 5H_2O$) 1.0 $mg \cdot kg^{-1}$、2.5 $mg \cdot kg^{-1}$、5.0 $mg \cdot kg^{-1}$，与土壤反复混合均匀，平衡 15d 后作为模拟污染用土，期间进行翻土并加水保持土壤含水量和通透性。平衡后再将以上各组随机分为 3 小组，每组 4 盆，向盆中分别添加 0 $g \cdot kg^{-1}$、2.5 $g \cdot kg^{-1}$、5.0 $g \cdot kg^{-1}$、10.0 $g \cdot kg^{-1}$ 的生物质炭，充分混均，在自然状态下进行钝化处理 90d，通过加水和翻土保持土壤水分为 70%的田间持水量和土壤通透性。试验共设 12 个处理，分别为 B0 Cd1、B2.5 Cd1、B5 Cd1、B10 Cd1、B0 Cd2.5、B2.5 Cd2.5、B5 Cd2.5、B10 Cd2.5、B0 Cd5、B2.5 Cd5、B5 Cd5、B10 Cd5，以不施生物质炭 B0 为对照，各处理重复 3 次。

将上述处理好的土壤称取 1 kg 放入根袋，并将根袋放入盆钵中央，然后每盆装入与根袋土一致处理的土壤 2 kg(放入盆钵其他地方)。以根袋内土壤为根际土壤，离根袋 20 mm 以外为非根际土壤。并在每个根际袋内种植水稻 3 穴，每穴 3 苗，在水稻生育期保持 2～3 cm 水层。在水稻抽穗期排掉盆钵中的水。期间施肥 3 次，每盆施入尿素和磷酸二氢钾，其施用量均为 0.2 $g \cdot kg^{-1}$。

2. 秸秆生物质炭对镉污染土壤酶活性的影响研究

1) 实验材料

供试土壤选取云南农业大学后山的红土，其理化性质如表 1.5 所示。

表 1.5 模拟实验所用土壤的基本性质

pH	有机质/$(g\cdot kg^{-1})$	全氮/%	速磷/$(mg\cdot kg^{-1})$	速钾/$(mg\cdot kg^{-1})$	全镉/$(mg\cdot kg^{-1})$
6.24	33.25	0.132	16.2	98.6	0.726

供试生物质炭的基本性质同表 1.4。

供试水稻品种为云南省种植较为广泛的云粳 37 号，种子于水中浸泡 24h 后，覆上保鲜膜在培养皿中培养发芽，芽长 2～3cm 时分别移植 4 棵做成盆栽于大棚中培养。

2) 实验设计

实验一：选取云南农业大学后山红壤作为试验供试土壤，将 $CdCl_2\cdot 2.5H_2O$ 与去离子水配成母液，稀释成处理浓度(5mg·kg^{-1})后与土壤反复混合均匀，同时设置 Cd 空白的对照。秸秆生物质炭按添加量(0%、2.5%、5%)进行原状土添加，即得到 6 种不同处理的土样：Cd 含量为 0mmg·kg^{-1}，生物质炭质量分数为 0%；Cd 含量为 0mg·kg^{-1}，生物质炭质量分数为 2.5%；Cd 含量为 0mg·kg^{-1}，生物质炭质量分数为 5%；Cd 含量为 5 mg·kg^{-1}，生物质炭质量分数为 0%；Cd 含量为 5mg·kg^{-1}，生物质炭质量分数为 2.5%；Cd 含量为 5mg·kg^{-1}，生物质炭质量分数为 5%。经处理的土壤样品分装后置于玻璃温室中，在自然状态下进行老化处理 60d，保持土壤水分为田间水量的 70%。

实验二：选取云南农业大学后山红壤 8kg 作为试验供试土壤，将 $CdCl_2\cdot 2.5H_2O$ 与去离子水配成母液，稀释成处理浓度(12.5mg·kg^{-1}、2.5mg·kg^{-1}、5mg·kg^{-1})后与土壤反复混合均匀，同时设置空白对照。秸秆生物质炭按添加量(0%、2.5%、5%、10%)进行原状土添加，得到 13 种不同处理的土样，分别记为 Cd0B0、Cd1B0、Cd1B2.5、Cd1B5、Cd1B10、Cd2.5B0、Cd2.5B2.5、Cd2.5B5、Cd2.5B10、Cd5B0、Cd5B2.5、Cd5B5、Cd5B10。经处理的土壤样品分装于盆栽用的桶里后置于玻璃温室中，在自然状态下进行老化处理 60d，保持土壤水分为田间水量的 70%。后选取优良品种的云粳 37 号种子分别种植于上述处理的土样中，每类土样均需设平行对照，待水稻成熟收获后，对其根部土壤采用抖落法分离出根际土及非根际土；后选取优良品种的水稻种子分别种植于上述处理的土样中(每类土样均需设平行对照)，用塑胶夹板夹住少量土壤，使根系在夹板中生长，保持 5～6 cm 的水层，水稻抽穗前 2d 适当排水通气，齐穗到蜡熟期可间歇灌溉，待黄熟后可开始排水。水稻成熟收获后，取夹板中近根土做根际土，夹板外的土即为非根际土。

实验三：选取云南农业大学后山红壤 8kg 作为试验供试土壤，将 $CdCl_2\cdot 2.5H_2O$ 与去离子水配成母液，稀释成处理浓度(2.5mg·kg^{-1})后与土壤反复混合均匀，同时设置空白对照。秸秆生物质炭按添加量(0%、2.5%、10%)进行原状土添加，得到 6 种不同处理的土样，分别记为 Cd0B0、Cd0B2.5、Cd0B10、Cd2.5B0、Cd2.5B2.5、Cd2.5B10。经处理的土壤样品分装于盆栽用的桶里后置于玻璃温室中，在自然状态下进行老化处理 60d，保持土壤水分为田间水量的 70%。后选取优良品种的水稻种子分别种植于上述处理的土样中(每类土样均需设平行对照)，用塑胶夹板夹住少量土壤，使根系在夹板中生长，保持 5～6 cm 的水层，水稻抽穗前 2d 适当排水通气，齐穗到蜡熟期可间歇灌溉，待黄熟后可开始排水。

水稻成熟收获后，取夹板中近根土做根际土，夹板外的土即为非根际土。

3. 生物质炭对镉污染土壤微生物多样性的影响研究

1) 实验材料

本实验的供试土壤于 2016 年 9 月在云南省昆明市农业大学后山采集，为云南典型的山原红壤，基本理化性质如表 1.6 所示。

表 1.6　供试土壤理化性质

pH	有机质/$(g \cdot kg^{-1})$	速效磷/$(mg \cdot kg^{-1})$	速效钾/$(mg \cdot kg^{-1})$	碱解氮/$(mg \cdot kg^{-1})$	电导率/$(\mu s \cdot cm^{-1})$
5.35	44.26	16.8	98.4	99.05	420

本实验研究选用河南三利公司生产的商品秸秆生物质炭，基本理化性质如表 1-7 所示。

表 1.7　生物质炭理化性质

	原料	pH	有机碳/$(g \cdot kg^{-1})$	全氮/$(g \cdot kg^{-1})$	全磷/$(g \cdot kg^{-1})$	全钾/$(g \cdot kg^{-1})$	比表面积/$(m^2 \cdot g^{-1})$	阳离子交换量/$(mol \cdot kg^{-1})$
生物质炭	小麦秸秆	9.03	543.7	1.98	3.2	28.65	23.26	185.56

供试植物为云南省滇型杂交水稻研究中心提供的粳稻品种，其在云南省种植面积广。

2) 实验设计

室内盆栽实验采用寻常圆形塑料桶，每桶内置土 8 kg。用超纯水与 $CdCl_2 \cdot 2.5H_2O$ 配制母液，与土壤反复混合均匀。秸秆生物质炭按照 0%，2.5%，10%的施用量施加到上述混匀土壤中(课题组前期研究指出镉形态、土壤酶活在 5%生物质炭处理下变化不显著，于是本实验生物质炭量未依据一定的梯度施加，仅对 2.5%、10%用量进行探究)，并留取一组没有 Cd、生物质炭的空白组，便得到 CK、B0、B2.5、B10 四种不同的处理，Cd 含量和生物质炭施用量分别为 0 $mg \cdot kg^{-1}$、0%，2.5 $mg \cdot kg^{-1}$、0%，2.5 $mg \cdot kg^{-1}$、2.5%，2.5 $mg \cdot kg^{-1}$、10%。3 个平行组为一个处理，总计 12 桶。置于温室塑料棚中，自然状态下老化处理 30d。后种植水稻，每桶保持 3 株或 4 株稻苗，稳定田间持水率为 70%左右。水稻成熟期时排水通气，选择五点法从各处理土表层垂直采集 0～15cm 土壤。将取回的土样去除水稻根系和石块，然后分为三部分。一部分样品自然风干以测试土壤的理化性质，一部分于 4℃保存以测试土壤微生物功能多样性，另外一部分于−80℃保存进行土遗传多样性测定。

1.3.2　测定方法

1. 土壤理化性质测定

1) 土壤 pH 测定方法

土壤 pH 采用 pH 计测定(Starter 2C，美国奥豪斯)，将采集后的土壤风干后称取 10g

过 0.25mm 筛放置于 50mL 三角瓶中，加入去离子水 10mL(水土比为 1∶1)放入恒温振荡器中震荡 30min，取出后静置 30min 待测。

2) 土壤有机质测定方法

土壤有机质的测定采用重铬酸钾氧化-油浴加热法(Pusker et al.，2012)。

土壤有机碳(%)计算方法:

$$
有机碳=\frac{\left\{(V_1-V_2)_{\mathrm{FeSO_4}}\times c\left[\mathrm{FeSO_4}\right]\times\frac{1}{6}\times\frac{3}{2}\right\}\times 12\times 1.1}{m\times 10^3{}_{土样}}\times 100\% \tag{1.1}
$$

式中，V_1 为空白滴定所用 $FeSO_4$ 体积(mL)；V_2 为样品滴定所用 $FeSO_4$ 体积(mL)；c 为标定硫酸铁溶液的浓度(mol/L)；12 为碳原子的摩尔质量(g/mol)；1.1 为校正系数；m 为风干土样质量(g)。

3) 土壤速效磷含量

土壤速效磷含量采用碳酸氢钠浸提法测定。

4) 土壤速效钾含量

土壤速效锌含量采用 NaOH-火焰光度计法测定。

5) 土壤碱解氮含量

土壤碱解氮含量采用碱解扩散法测定。

6) 土壤电导率

土壤电导率采用土壤电导率仪测定。

7) 土壤镉含量

土壤镉含量采用 HCl-HNO_3-$HClO_4$ 测定(GB/T 17141-1997)。

2. 土壤镉形态测定

按照 Tessier 等(1979)连续提取方法提取。

1) 可交换态

取经过干燥、过筛的底泥样品 1.0g 置于 100mL 锥形瓶中，加入 1.0 mol /L $MgCl_2$ 溶液(稀氨水和稀盐酸调节 pH=7.0) 10.0 mL，不断振荡后萃取 1h，3000 r /min 离心 30 min，用试剂空白，原子吸收测定上层清液中各重金属的浓度。

2) 碳结合态

将上步离心分离后所得残渣全部转入一个 100 mL 锥形瓶中，加入 1.0 mol/L CH_3COONa 溶液(1∶1 的 CH_3COOH 调节 pH=5.0) 10.0 mL，萃取 5h，3000 r/min 离心 30 min，用试剂空白，用原子吸收法测定上层清液中各重金属的浓度。

3) 铁锰氧化物结合态

将上步离心残渣全部转入一个 100mL 锥形瓶中，加入 0.004 mol/L $NH_2OH{\cdot}HCl$ 溶液[体积分数为 25%的 CH_3COOH 定容]20mL，水浴保温(96±3)℃，间歇搅拌，萃取 6h，3000r/min 离心 30min，试剂空白，原子吸收测定上层清液中各重金属的浓度。

4) 有机物结合态

将上步离心残渣全部转入一个 100mL 锥形瓶中，加入 0.02 mol/L HNO_3 3.0mL 和体积分数为 30% H_2O_2（HNO_3 调节 pH=2.0）5.0mL，水浴保温（85±2）℃，间歇搅拌，萃取 2h；再加体积分数为 30% H_2O_2（HNO_3 调节 pH=2.0）3.0mL，水浴保温（85±2）℃，间歇搅拌，萃取 3h；冷却后，加入 3.2mol/L CH_3COONH_4［体积分数为 20%的 HNO_3 定容］5.0 mL，并继续振荡 30min；3000r/min 离心 30min，试剂空白，用原子吸收法测定上层清液中各重金属的浓度。

5）残渣态

将上步离心残渣全部转入一个 100mL 锥形瓶中，加入混酸 HNO_3/HF/$HClO_4$/HCl，其体积分别为 8mL/2mL/2mL/2mL，水浴保温（85±2）℃，间歇搅拌，消化 3h，3000r/min 离心 30min，试剂空白，用原子吸收法测定上层清液中各重金属的浓度。

测定仪器：岛津 AA-6300C 型原子吸收分光光度计。

3. 植株全量测定方法

植株全量测定采用 HNO_3-$HCLO_4$（体积比为 4∶1）混合酸消化测定（鲁如坤，2000）。

测定仪器：岛津 AA-6300C 型原子吸收分光光度计。

4. 土壤团聚体分离

采用 Elliott（1986）的湿筛法分离不同粒径的团聚体，分离工具为 5 mm、2 mm、1 mm、0.5 mm、0.25 mm 的套筛。把经过处理的土壤放入套筛的最顶层，即 5 mm 粒径筛子，沿套筛壁缓慢倒入灭菌水，使水刚没过最上层筛子，浸泡、湿润土壤 5min 再匀速垂直振动套筛 15 min，振幅保持为 3cm 左右，即得到 5～2 mm、2～1 mm、1～0.5 mm、0.5～0.25 mm、<0.25 mm 五种不同粒径团聚体。其中以 0.25 mm 粒级为界分类，大于 0.25 mm 的为大团聚体，小于 0.25 mm 的为微团聚体。

5. 土壤酶活性测定

FDA 水解酶（又名荧光素二乙酸酯酶）以无色的荧光素二乙酸为基质，采用比色法来测定其活性；纤维素酶采用 3,5-二硝基水杨酸比色法测定纤维素酶解所产生的还原糖量来表示其活性；蛋白酶活性的测定采用茚三酮比色法，以 24 h 后 1 g 土壤中的氨基氮的毫克数表示；脲酶活性采用苯酚钠-次氯酸钠比色法，以尿素为基质，测定其活性；蔗糖酶活性采用二硝基水杨酸比色法测定，以 24 h 后 1 g 土壤中的葡萄糖毫克数来表示；磷酸酶活性的测定采用磷酸苯二钠比色法来测定，以磷酸苯二钠为基质，在磷酸酶的作用下，水解基质所生成的苯酚的量来表示；过氧化氢酶活性采用紫外分光光度法测定，以每 20 min 内每克土壤分解的过氧化氢的毫克数来表示（为消除土壤中原有物质对实验结果造成的误差，以上每种土样的酶活性测定均需要设置无基质对照，整个实验需做无土对照，为使实验结果精准可靠，每种土样的酶活性测定也需做平行对照）。

（1）酶活性综合值的计算。根据前人研究结果及各种酶的具体作用及性质，本书将所选取的土壤酶分为两大类，第一类为对土壤碳循环变化响应较为明显的酶类，这类酶有 FDA 水解酶、纤维素酶、蛋白酶；第二类为对 Cd 活性变化响应较为敏感的酶类，这类酶也被称为土壤氧化还原酶，其中包括脲酶、蔗糖酶、磷酸酶及过氧化氢酶（刘姣　等，2010；

Mendez et al.，2012；黄剑，2013）。对这两大类型的酶活性分别求取几何平均数，作为衡量土壤中碳循环相关酶及氧化还原酶活性的指标，其中土壤碳循环酶的公式为

$$GMea_1 = \sqrt[3]{FDA \times Cel \times Pro} \tag{1.2}$$

土壤氧化还原酶活性公式为

$$GMea_2 = \sqrt[4]{Ure \times Inv \times Pho \times Cat} \tag{1.3}$$

最后，对不同处理下的土样的各种酶活性求几何平均数，作为衡量土壤质量的综合酶活性指标，公式为

$$GMea = \sqrt[7]{FDA \times Cel \times Pro \times Ure \times Inv \times Pho \times Cat} \tag{1.4}$$

式中，FDA 为 FDA 水解酶活性；Cel 为纤维素酶活性；Pro 为蛋白酶活性；Ure 为脲酶活性；Inv 为蔗糖酶的活性；Cat 为过氧化氢酶的活性。

(2) 比率及贡献率的计算。为更加直观了解各个粒径团聚体的酶活性值占总体的比例，引入比率这一指标值，其计算公式为

某粒径酶活性值的比率=某粒径的酶活性值×该粒径土量
/(各个粒径的酶活性值之和×各个粒径土量之和) (1.5)

而为突出某粒径团聚体酶活性与原土酶活性的关系，引入贡献率这一指标，其计算公式为

某粒径团聚体酶的贡献率=该粒径团聚体的酶活性值×该粒径土量
/(原土中该酶的活性值×原土量) (1.6)

6. 土壤微生物多样性测定方法

1) 土壤微生物功能多样性测定方法

选用 Biolog ECO 板技术检测比较 Cd 和生物质炭两者单一、复合生境中微生物代谢功能的变化趋势。Biolog ECO 板接种液的制备采用 Classen 等(2003)的方法。灭菌处理三角瓶，放入与 5g 烘干质量相等的采集土样，再注入 0.85%氯化钠溶液 45 mL，置于摇床以 200 r/min 速度振荡，时长为 30 min，静止沉淀 15 min，将 5 mL 上清液移入新的氯化钠溶液三角瓶，重复稀释 3 次，制得 1∶1000 的接种液。Biolog ECO 板提前放在室内预热到常温状态，用灭菌排枪注入接种液，每孔 150 μL。生化培养箱温度调至 25℃左右，微板置内暗培养 7 d，分别于 4 h、24 h、48 h、96 h、120 h、144 h、168 h 用 Biolog 微生物自动鉴定系统读取 590 nm 处吸光值，每板重复读数三次。

Biolog ECO 整个微平板上总共有 96 个孔，分为 3 个平行组，每个平行组有 32 个孔，其中 31 孔中都有各不相同的碳源，剩余的一个孔没有碳源，只加水作为对照孔，每个微孔中都有四唑盐染料。土壤微生物汲取各碳源的氧化反应让微孔呈紫色，因此依据土壤微生物利用 31 种不同的碳源类型时色度差异性的响应能够反映微生物 31 种碳源的代谢能力，以便深入探究微生物种群功能特征(表 1.8)。

表 1.8 Biolog-ECO 微平板碳源分布表

	1	2	3	4	5	6	7	8	9	10	11	12
A	水	β-甲基-D-葡萄糖苷	D-半乳糖酸r内酯	L-精氨酸	水	β-甲基-D-葡萄糖苷	D-半乳糖酸r内酯	L-精氨酸	水	β-甲基-D-葡萄糖苷	D-半乳糖酸r内酯	L-精氨酸
B	丙酮酸甲酯	D-木糖-戊醛糖	D-半乳糖醛酸	L-天门冬酰胺	丙酮酸甲酯	D-木糖-戊醛糖	D-半乳糖醛酸	L-天门冬酰胺	丙酮酸甲酯	D-木糖-戊醛糖	D-半乳糖醛酸	L-天门冬酰胺
C	吐温 40	*i*-赤鲜糖醇	2-羟基苯甲酸	L-苯丙氨酸	吐温 40	*i*-赤鲜糖醇	2-羟基苯甲酸	L-苯丙氨酸	吐温 40	*i*-赤鲜糖醇	2-羟基苯甲酸	L-苯丙氨酸
D	吐温 80	D-甘露醇	4-羟基苯甲酸	L-丝氨酸	吐温 80	D-甘露醇	4-羟基苯甲酸	L-丝氨酸	吐温 80	D-甘露醇	4-羟基苯甲酸	L-丝氨酸
E	a-环式糊精	N-乙酰-D葡萄糖氨	r-羟丁酸	L-苏氨酸	a-环式糊精	N-乙酰-D 葡萄糖氨	r-羟丁酸	L-苏氨酸	a-环式糊精	N-乙酰-D 葡萄糖氨	r-羟丁酸	L-苏氨酸
F	肝糖	D-葡萄胺酸	衣康酸	甘酰胺-L-谷氨酸	肝糖	D-葡萄胺酸	衣康酸	甘酰胺-L-谷氨酸	肝糖	D-葡萄胺酸	衣康酸	甘酰胺-L-谷氨酸
G	D-纤维二糖	1-磷酸葡萄糖	a-丁酮酸	苯乙胺	D-纤维二糖	1-磷酸葡萄糖	a-丁酮酸	苯乙胺	D-纤维二糖	1-磷酸葡萄糖	a-丁酮酸	苯乙胺
H	a-D-乳糖	D, L-a-磷酸甘油	D-苹果酸	腐胺	a-D-乳糖	D, L-a-磷酸甘油	D-苹果酸	腐胺	a-D-乳糖	D, L-a-磷酸甘油	D-苹果酸	腐胺

2) 土壤微生物遗传多样性测定方法

土壤中微生物遗传多样性测定选用 16SrRNA 高通量测序法进行检测。此方法通过比较原核细胞核糖体小亚基上 16SrRNA 的高变区特征核酸序列差异，鉴定土壤细菌系统发育和分类，进一步展现土壤细菌种群在基因上的分布和结构特征的变化规律。实验基本流程为：首先提取不同处理下土壤微生物的总 DNA 并检测其浓度，然后进行 PCR(polymerase chain reaction，聚合酶链式反应)扩增并电泳检测，再回收扩增产物，最终将产物送往北京诺禾致源科技股份有限公司利用 Illumina MiSeq 平台建库测序。

(1) 土壤微生物基因组的总 DNA 的提取。土壤微生物基因组的总 DNA 的提取选用美国 MoBio 公司的试剂盒(Power Soil^{TM} DNA Isolation Kit)。每个土样设置三个重复，每个重复称取 0.3g 土，严格按照试剂盒说明书操作步骤进行提取。每个土样微生物 DNA 重复提取 3 次，混匀，用质量分数为 1%的琼脂糖凝胶，在 100V 电压下，开展时长为 40 min 的浓度检测。

(2) PCR 扩增及测序。选取通用引物 341F/806R 扩增细菌 16S rDNA 基因的 V3～V4 区序列，引物序列为 341F：5′-CCTAYGGGRBGCASCAG-3′，806R：5′-GGACTACNNGGGT ATCTAA T-3′。PCR 扩增体系为：10 μL 的 5×PCR Buffer，4μL 的 dNTP，正反引物各 1 μL，0.1μL 模板，1μL 的 Premix Tap 酶，加 32.9μL 的 RNase-free 水补足 50 μL。PCR 扩增条件为：98℃ 1 min；98℃ 10 s，50℃ 30 s，72℃ 60 s，30 个循环；72℃ 5 min。PCR 扩增产物用质量分数为 2%的琼脂糖凝胶，在 80V 电压下，进行时长为 40 min 的电泳检测。检测合格后，采用 Qiagen 公司试剂盒切胶回收目的 DNA，−20 ℃条件下保存送测试。

使用 TruSeq® DNA PCR-Free Sample Preparation Kit 建库试剂盒进行文库构建，构建好的文库经过 Qubit 和 Q-PCR 定量，文库合格后，使用 HiSeq2500 PE250 进行上机测试。

1.3.3 数据分析与处理

1. 测定数据

采用 Excel2007 及 SPSS19.0 进行分析处理。

2. 土壤微生物功能多样性数据分析

土壤微生物总体活性及碳源利用总能力采取 Biolog ECO 板每孔颜色单位变化率(吸光度)(average well color development，AWCD)来分析。土壤微生物群落功能多样性采用 Shannon 指数、Simpson 指数与 McIntosh 指数来表征。具体数据处理公式如下。

平均吸光度为

$$\mathrm{AWCD}=\sum\frac{(C_i-R)}{n} \tag{1.7}$$

式中，C_i 为有碳源各孔吸光度；R 为有水孔吸光度；n 为有碳源基孔数，即 31。

Shannon 指数为

$$H=-\sum P_i(\ln P_i) \tag{1.8}$$

式中，P_i 为第 i 孔相对吸光度与整板相对吸光度总和之比，即 $P_i=\frac{(C_i-R)}{\sum(C_i-R)}$。

Simpson 指数(常见物种优势度指数)：

$$D=\sum\frac{n_i(n_i-1)}{N(N-1)} \tag{1.9}$$

式中，n_i 为第 i 孔相对吸光度，即 C_i-R；N 为整版相对吸光度总和。

McIntosh 指数(均匀度指数)：

$$U=\sqrt{\sum n_i^2} \tag{1.10}$$

式中，n_i 同上。

土壤微生物功能多样性数据采用 SPSS 软件分析，Excel 2007 制图。

3. 土壤微生物遗传多样性数据分析

测序下机数据去除 Barcode 和引物序，并拆分各样品数据。使用 FLASH (V1.2.7，http://ccb.jhu.edu/software/FLASH/)、Qiime (V1.7.0，http://qiime.org/scripts/split_libraries_fastq.html) 拼接、过滤，得到高质量 Tags 数据(clean tags)。clean tags 在 Gold database (http://drive5.com/uchime/uchime_download.html)、UCHIME Algorithm (http://www.drive5.com/usearch/manual/uchime_algo.html) 两个数据库中进行比对并检测嵌合体序列，最终获得有效数据(Effective Tags)。

Effective Tags 利用 Uparse 软件(V7.0.1001，http://drive5.com/uparse/)以高于 97%相似性为基准聚类成为 OTUs (operational taxonomic units)。OTUs 代表序列用 Mothur 方法与 SILVA (http://www.arb-silva.de/) 的 SSUrRNA 数据库设定阈值为 0.8～1 进行物种注释分析，获得界(kingdom)、门(phylum)、纲(class)、目(order)、科(family)、属(genus)、种(species)水平上分类学信息并统计各样本的群落组成和丰度。基于 Qiime 软件绘制稀释曲线且进行 Alpha 多样性分析，包括 Chao1 和 ACE 丰富度指数，Shannon、Simpson 多样性指数，Goods-coverage 覆盖度指数。Alpha 多样性指数具体表征如下。

菌群丰度的指数如下。

Chao 1　estimator

(http://scikit-bio.org/docs/latest/generated/generated/skbio.diversity.alpha.chao1.html#skbio.diversity.alpha.chao1)；

ACE　estimator

(http://scikit-bio.org/docs/latest/generated/generated/skbio.diversity.alpha.ace.html#skbio.diversity.alpha.ace)；

菌群多样性的指数如下。

Shannon　index

(http://scikit-bio.org/docs/latest/generated/generated/skbio.diversity.alpha.shannon.html#skbio.diversity.alpha.shannon)；

Simpson　index

(http://scikit-bio.org/docs/latest/generated/generated/skbio.diversity.alpha.simpson.html#skbio.diversity.alpha.simpson);

测序深度指数如下。

Good’s -coverage

(http://scikit-bio.org/docs/latest/generated/generated/skbio.diversity.alpha.goods_coverage.html#skbio.diversity.alpha.goods_coverage);

土壤微生物遗传多样性数据均用 Excel 2007 制图。

参 考 文 献

陈红霞，杜章留，郭伟，等，2011. 施用生物炭对华北平原农田土壤容重、阳离子交换量和颗粒有机质含量的影响. 应用生态学报，22(11)：2930-2934.

陈静，李恋卿，郑金伟，等，2013. 生物质炭保水剂的吸水保水性能研究. 水土保持通报，33(6)：302-307.

陈明霞，黄见良，崔克辉，等，2011. 光、氮对水稻根系特征和碳代谢的影响. 湖北农业科学，2011，50(2)：237-241.

陈伟，周波，束怀瑞，2013. 生物炭和有机肥处理对平邑甜茶根系和土壤微生物群落功能多样性的影响. 中国农业科学，46(18)：3850-3856.

陈小红，段争虎，2007. 土壤碳素固定及其稳定性对土壤生产力和气候变化的影响研究. 土壤通报，38(4)：765-772.

陈晓博，2013. 生物炭环境效应和在农业面源污染防治中的作用. 北方环境，25(6)：66-68.

陈心想，耿增超，王森，等，2014. 施用生物炭后塿土土壤微生物及酶活性变化特征. 农业环境科学学报，33(4)：751-758.

陈有鑑，黄艺，曹军，等，2003. 玉米根际土壤中不同重金属的形态变化. 土壤学报，40(3)：367-373.

程东祥，张玉川，马小凡，等，2009. 长春市土壤重金属化学形态与土壤微生物群落结构的关系. 生态环境学报，18(4)：1279-1285.

程启明，黄青，刘英杰，等，2014. 花生壳与花生壳生物炭对镉离子吸附性能研究. 农业环境科学学报，33 (10)：2022-2029.

楚颖超，李建宏，吴蔚东，2015. 椰纤维生物炭对 Cd(Ⅱ)、As(Ⅲ)、Cr(Ⅲ)和 Cr(Ⅵ)的吸附. 环境工程学报，9(5)：2165-2170.

崔红标，田超，周静，等，2011. 纳米羟基磷灰石对重金属污染土壤 Cu/Cd 形态分布及土壤酶活性影响. 农业环境科学学报，30(5)：874-880.

崔立强，杨亚鸽，严金龙，等，2014. 生物质炭修复后污染土壤铅赋存形态的转化及其季节特征. 中国农学通报，30(2)：233-239.

戴静，刘阳生，2013. 生物炭的性质及其在土壤环境中应用的研究进展. 土壤通报，44(6)：1520-1525.

戴珏，胡君利，林先贵，等，2010. 免耕对潮土不同粒级团聚体有机碳含量及微生物碳代谢活性的影响. 土壤学报，47(5)：923-930.

丁艳丽，刘杰，王莹莹，2013. 生物炭对农田土壤微生物生态的影响研究进展. 应用生态学报，24(11)：3311-3317.

GB/T 17141-1997，土壤质量铅、镉的测定 石墨炉原子吸收分光光度法.

甘文君，何跃，张孝飞，等，2012. 秸秆生物炭修复电镀厂污染土壤的效果和作用机理初探[J]. 生态与农村环境学报，28(3)：305-309.

高海英，何绪生，耿增超，等，2011. 生物炭及炭基氮肥对土壤持水性能影响的研究. 中国农学通报，27(24)：207-213.

龚伟群，李恋卿，潘根兴，2006. 杂交水稻对 Cd 的吸收与籽粒积累：土壤和品种的交互影响. 环境科学，27(8)：1647-1653.

顾美英，刘洪亮，李志强，等，2014. 新疆连作棉田施用生物炭对土壤养分及微生物群落多样性的影响. 中国农业科学，47(20)：

4128-4138.
关连珠，周景景，张昀，等，2013. 不同来源生物炭对砷在土壤中吸附与解吸的影响. 应用生态学报，2(10)：2941-2946.
韩光明，2013. 生物质炭对不同类型土壤理化性质和微生物多样性的影响. 辽宁：沈阳农业大学.
韩光明，孟军，曹婷，等，2012. 生物炭对菠菜根际微生物及土壤理化性质的影响. 沈阳农业大学学报，43(5)：515-520.
杭小帅，王火焰，周健民，等，2010. 电镀厂附近土壤重金属污染特征及其对微生物与酶活性的影响. 农业环境科学学报，29(11)：2133-2138.
何莉莉，杨慧敏，钟哲科，等，2014. 生物炭对农田土壤细菌群落多样性影响的 PCR-DGGE 分析. 生态学报，34(15)：4288-4294.
侯亚红，王磊，付小花，等，2015. 土壤碳收支对秸秆与秸秆生物炭还田的响应及其机制. 环境科学，(7)：2655-2661.
胡开辉，罗国庆，王庆华，等，2006. 化感水稻根际微生物类群及酶活性变化. 应用生态学，17(6)：1060-1064.
胡云飞，李荣林，杨亦扬，2015. 生物炭对茶园土壤 CO2 和 N2O 排放量及微生物特性的影响. 应用生态学报，26(7)：1954-1960.
花莉，陈英旭，吴伟祥，等，2009. 生物炭输入对污泥施用土壤-植物系统中多环芳烃迁移的影响. 环境科学，30(8)：2419-2414.
黄代宽，李心清，董泽琴，等，2014. 生物质炭的土壤环境效应及其重金属修复应用的研究进展. 贵州农业科学，(11)：159-165.
黄剑，2013. 生物质炭对土壤微生物量及土壤酶的影响研究. 中国农业科学院：309-354.
吉艳芝，冯万忠，陈立新，等，2008. 落叶松混交林根际与非根际土壤养分、微生物和酶活性特征. 生态环境，17(1)：339-343.
蒋田雨，姜军，徐仁扣，等，2013. 不同温度下烧制的秸秆炭对可变电荷土壤吸附 Pb(Ⅱ)的影响. 环境科学，34(4)：1598-1604.
景明，李烨，陈盈余，等，2014. 土壤中添加生物炭对 Cr(Ⅵ) 的迁移锁定作用研究. 现代地质，28(6)：1194-1201.
巨天珍，任海峰，孟凡涛，等，2011. 土壤微生物生物量的研究进展. 广东农业科学，38(16)：45-47.
孔露露，周启星，2015. 新制备生物炭的特性表征及其对石油烃污染土壤的吸附效果. 环境工程学报，9(5)：2462-2468.
孔丝纺，姚兴成，张江勇，等，2015. 生物质炭的特性及其应用的研究进展. 生态环境学报，(4)：716-723.
匡崇婷，江春玉，李忠佩，等，2012. 添加生物质炭对红壤水稻土有机碳矿化和微生物生物量的影响. 土壤，44(4)：570-575.
赖长鸿，李松蔚，廖博文，等，2015. 生物炭在土壤污染修复中的潜在作用. 北京联合大学学报：自然科学版，29(4)：50-54.
李花粉，张福锁，李春俭，等，2011. Fe 对不同品种水稻吸收 Cd 的影响. 应用生态学报，9(1)：110-112.
李力，刘娅，陆宇超，等，2012a. 生物炭的环境效应及其作用的研究进展. 土壤与作物，1(4)：219-226.
李力，陆宇超，刘娅，等，2012b. 玉米秸秆生物炭对 Cd(Ⅱ)的吸附机理研究. 农业环境科学学报，31(11)：2277-2283.
李恋卿，潘根兴，张平究，等，2001. 植被恢复对退化红壤表层土壤颗粒中有机碳和 Pb、Cd 分布的影响. 生态学报，21(11)：1769-1774.
李明，李忠佩，刘明，等，2015. 不同秸秆生物炭对红壤性水稻土养分及微生物群落结构的影响. 中国农业科学，48(7)：1361-1369.
李鹏，葛滢，吴龙华，等，2011. 两种籽粒镉含量不同水稻的镉吸收转运及其生理效应差异初探. 中国水稻科学，25(3)：291-296
李松昊，何冬华，沈秋兰，等，2014. 竹炭对三叶草生长及土壤细菌群落的影响. 应用生态学报，25(8)：2334-2340.
梁桓，索全义，侯建伟，等，2015. 不同炭化温度下玉米秸秆和沙蒿生物炭的结构特征及化学特性①. 土壤，47(5)：886-891.
林海，崔轩，董颖博，等，2014. 铜尾矿库重金属 Cu、Zn 对细菌群落结构的影响. 中国环境科学，34(12)：3182-3188.
林宁，张晗，贾珍珍，等，2016. 不同生物质来源生物炭对 Pb(Ⅱ)的吸附特性. 农业环境科学学报，35(5)：992-998.
林雪原，荆延德，巩晨，等，2014，生物质炭吸附重金属的研究进展. 环境污染与防治，36(5)：83-87.
刘姣，曹靖，南忠仁，等，2010. 白银市郊区重金属复合污染对土壤酶活性的影响. 兰州大学学报(自然科学版)，46(5)：39-43.
刘祥宏，2013. 生物炭在黄土高原典型土壤中的改良作用. 北京：中国科学院.
鲁如坤，2000. 土壤农业化学分析方法. 北京：科学出版社：205-225.
罗泽娇，张随成，2005. 简易气量法测试土壤过氧化氢酶活性的研究. 地质科技情报，24(4)：87-90.

骆永明，2009. 中国土壤环境污染态势及预防、控制和修复策略. 环境污染与防治，31(12)：27-31.
吕伟波，2012. 生物炭对土壤微生物生态特征的影响. 浙江：浙江大学.
马玉莹，周德明，梅杰，2011. 杉木林地根际与非根际土壤特性分析. 中南林业科技大学学报，31(7)，120-123.
毛懿德，铁柏清，叶长城，等，2015. 生物炭对重污染土壤镉形态及油菜吸收镉的影响. 生态与农村环境学报，31(4)：579-582.
孟梁，侯静文，郭琳，等，2015. 芦苇生物炭制备及其对Cu2+的吸附动力学. 实验室研究与探索，34(1)：5-8.
孟令阳，辛术贞，苏德纯，2011. 不同惰性有机碳物料对土壤镉赋存形态和生物有效性的影响. 农业环境科学学报，30(8)：1531-1538.
牛文静，李恋卿，潘根兴，等，2009. 太湖地区水稻土不同粒级团聚体中酶活性对长期施肥的响应. 应用生态学报，20(9)：2181-2186.
潘根兴，Andrew C C，Albert L P，2002. 土壤-作物污染物迁移分配与食物安全的评价模型及其应用. 应用生态学报，13(7)：854-858.
曲贵伟，Amarilis de V，依艳丽，2009. 聚丙烯酸盐对长期重金属污染的矿区土壤的修复研究(Ⅱ)——对土壤微生物数量和土壤酶活性的影响. 农业环境科学学报，28(4)：653-657.
尚艺婕，王海波，史静，2015. 生物质炭对土壤团聚体微域环境及重金属污染的作用研究. 中国农学通报，31(7)：223-228.
邵东华，韩瑞宏，宁心哲，等，2008. 内蒙古大青山油松、虎榛子根际土壤酶活性研究. 干旱区资源与环境，22(6)：190-193.
石福贵，郝秀珍，周东美，等，2009. 鼠李糖脂与 EDDS 强化黑麦草修复重金属复合污染土壤. 农业环境科学学报，28(9)：1818-1823.
史静，2008. 杂交水稻对土壤 Cd、Zn 吸收与 Cd 耐性的基因型差异. 南京：南京农业大学.
宋延静，张晓黎，龚骏，2014. 添加生物质炭对滨海盐碱土固氮菌丰度及群落结构的影响. 生态学杂志，33(8)：2168-2175.
唐行灿，张民，2014. 生物炭修复污染土壤的研究进展. 环境科学导刊，33(1)：17-26.
佟雪娇，李九玉，姜军，等，2011. 添加农作物秸秆炭对红壤吸附 Cu(Ⅱ)的影响. 生态与农村环境学报，27(5)：37-41.
万忠梅，吴景贵，2005. 土壤酶活性影响因子研究进展. 西北农林科技大学学报：自然科学版，33(6)：87-92.
王丹丹，郑纪勇，颜永毫，等，2013. 生物炭对宁南山区土壤持水性能影响的定位研究. 水土保持学报，27(2)：101-104.
王芳，李恋卿，董长勋，等，2007. 黄泥土和乌栅中不同粒径微团聚体对 Cu^{2+}的吸附与解吸. 环境化学，26(2)：135-140.
王丽红，辛颖，赵雨森，等，2015. 大兴安岭火烧迹地植被恢复中土壤微生物量及酶活性. 水土保持学报，(3)：184-189.
王清奎，汪思龙，2005. 土壤团聚体形成与稳定机制及影响因素. 土壤通报，36(3)：415-421.
王松林，黄冬芬，郇恒福，等，2015. 铝和镉污染对砖红壤土壤微生物及土壤呼吸的影响. 热带作物学报，36(3)：597-602.
王艳红，李盟军，唐明灯，等，2015. 稻壳基生物炭对生菜 Cd 吸收及土壤养分的影响. 中国生态农业学报，23(2)：207-214.
王震宇，刘国成，Monica X，等，2014. 不同热解温度生物炭对 Cd(Ⅱ)的吸附特性. 环境科学，(12)：4735-4744.
乌英嘎，张贵龙，赖欣，等，2014. 生物质炭施用对华北潮土土壤细菌多样性的影响. 农业环境科学学报，33(5)：965-971.
吴鹏豹，解钰，漆智平，等，2012. 生物炭对花岗岩砖红壤团聚体稳定性及其总碳分布特征的影响. 草地学报，20(4)：643-648
线郁，王美娥，陈卫平，2014. 土壤酶和微生物量碳对土壤低浓度重金属污染的响应及其影响因子研究. 生态毒理学报，9(1)：63-70.
谢祖彬，刘琦，许燕萍，等，2011. 生物炭研究进展及其研究方向. 土壤，43(6)：857-861.
徐楠楠，林大松，徐应明，等，2013. 生物质炭在土壤改良和重金属污染治理中的应用. 农业环境与发展，(4)：29-34.
徐照丽，段玉琪，杨宇虹，等，2014. 不同土类中外源镉对烤烟生长及土壤生物指标的影响. 华北农学报，29(B12)：176-182.
许妍哲，方战强，2015. 生物炭修复土壤重金属的研究进展. 环境工程，33(2)：156-159.
严静娜，覃霞，梁定国，等，2015. 不同热解温度蚕沙生物质炭对土壤镉、铅钝化效果研究. 西南农业学报，28(4)：1752-1756.

阎姝，潘根兴，李恋卿，2008. 重金属污染降低水稻土微生物商并改变 PLFA 群落结构--苏南某地污染稻田的案例研究. 生态环境，17(5)：1828-1832.

颜钰，王子莹，金洁，等，2014. 不同生物质来源和热解温度条件下制备的生物炭对菲的吸附行为. 农业环境科学学报，33(9)：1810-1816.

杨春刚，廖西元，章秀福，等，2006. 不同基因型水稻籽粒对镉积累的差异. 中国水稻科学，20(6)：660-662.

杨放，李心清，王兵，等，2015. 热解材料对生物炭理化性质的影响. 农业环境科学学报，34(9)：1822-1828.

杨瑞吉，牛俊义，黄文德，等，2006. 麦茬复种饲料油菜对耕层土壤团聚体的影响. 水土保持学报，20(5)：77-81.

杨惟薇，张超兰，曹美珠，等，2015. 4 种生物炭对镉污染潮土钝化修复效果研究. 水土保持学报，29(1)：239-243.

杨莹莹，魏兆猛，黄丽，等，2012. 不同修复措施下红壤水稳性团聚体中有机质分布特征. 水土保持学报，26(3)：154-158.

杨元根，Paterson E，Campbell C，2002. 重金属 Cu 的土壤微生物毒性研究. 土壤通报，33(2)：137-14.

弋良朋，马健，李彦，2009. 荒漠盐生植物根际土壤酶活性的变化. 中国生态农业学报，17(3)：500-505.

易卿，胡学玉，柯跃进，等，2013. 不同生物质黑碳对土壤中外源镉(Cd)有效性的影响. 农业环境科学学报，32(1)：88-94.

尹云锋，高人，马红亮，等，2013. 稻草及其制备的生物质炭对土壤团聚体有机碳的影响. 土壤学报，50(5)：909-914.

张阿凤，潘根兴，李恋卿，2009. 生物黑炭及其增汇减排与改良土壤意义. 农业环境科学学报，28(12)：2459-2463.

张迪，胡学玉，柯跃进，等，2016. 生物炭对城郊农业土壤镉有效性及镉形态的影响. 环境科学与技术，39(4)：88-94.

张晗芝，黄云，刘钢，等，2010. 生物炭对玉米苗期生长、养分吸收及土壤化学性状的影响. 生态环境学报，19(11)：2713-2717.

张红振，骆永明，章海波，等，2010. 土壤环境质量指导值与标准研究 V. 镉在土壤-作物系统中的富集规律与农产品质量安全. 土壤学报，47(4)：628-638.

张良运，李恋卿，潘根兴，等，2009. 重金属污染可能改变稻田土壤团聚体组成及其重金属分配. 应用生态学报，20(11)：2806-2812.

张明奎，唐红娟，2012. 生物质炭对土壤有机质活性的影响. 水土保持学报，26(2)：127-137

张千丰，王光华，2012. 生物炭理化性质及对土壤改良效果的研究进展. 土壤与作物，1(4)：219-226.

张文玲，李桂花，高卫东，2009. 生物质炭对土壤性状和作物产量的影响. 中国农学通报，25(17)：153-157.

张晓宇，晋日亚，白红娟，2010. 重金属 Cd 污染对旱田土壤微生物群落的影响. 工业安全与环保，36(11)：31-32.

张雪晴，张琴，程园园，等，2016. 铜矿重金属污染对土壤微生物群落多样性和酶活力的影响. 生态环境学报，25(3)：517-522.

张彦，张惠文，苏振成，等，2007 长期重金属胁迫对农田土壤微生物生物量、活性和种群的影响. 应用生态学报，18(7)：1491-1497.

张阳阳，胡学玉，余忠，等，2015. Cd 胁迫下城郊农业土壤微生物活性对生物炭输入的响应. 环境科学研究，28(6)：936-942.

张又弛，李会丹，2015. 生物炭对土壤中微生物群落结构及其生物地球化学功能的影响. 生态环境报，24(5)：898-905.

章明奎，刘兆云，2009. 红壤坡耕地侵蚀过程中土壤有机碳的选择性迁移. 水土保持学报，23(1)：45-49.

章明奎，郑顺安，王丽平，2007. 土壤中颗粒状有机质对重金属的吸附作用. 土壤通报，38(6)：1100-1104.

赵保卫，石夏颖，马锋锋，2015. 胡麻和油菜生物质炭吸附 Cu(Ⅱ)的影响因素及其机制. 中国科技论文，24：2888-2893，2902.

赵世翔，姬强，李忠徽，等，2015. 热解温度对生物质炭性质及其在土壤中矿化的影响. 农业机械学报，46(6)：183-192.

赵岩顺，赵宇侠，殷琨，2014. 建筑垃圾中重金属 Cd^{2+}对微生物群落的影响研究. 淮海工学院学报(自然科学版)，23(4)：41-43.

周桂玉，窦森，刘世杰，2011. 生物质炭结构性质及其对土壤有效养分和腐殖质组成的影响. 农业环境科学学报，30(10)：2075-2080.

周通，潘根兴，李恋卿，等，2009. 南方几种水稻土重金属污染下的土壤呼吸及微生物学效应. 农业环境科学学报，28(12)：2568-2573.

朱捍华，黄道友，刘守龙，等，2008. 稻草易地还土对丘陵红壤团聚体碳氮分布的影响. 水土保持学报，22(2)：135-140.

朱宁，颜丽，张晓静，等，2009. 有机质对 Cu^{2+}在棕壤及其各粒级微团聚体中吸附解吸特性的影响. 生态环境学报，18(2)：498-501.

朱庆祥，2011. 生物炭对 Pb、Cd 污染土壤的修复试验研究. 重庆：重庆大学：546-589.

Ahmad M，Lee S S，Yang J E，et al.，2012. Effects of soil dilution and amendments（mussel shell，cow bone，and biochar）on Pb availability and phytotoxicity in military shooting range soil. Ecotoxicology and Environmental Safety，79：225-231.

Beesley L，Moreno-Jiménez E，Gomez-Eyles J L，2010. Effects of biochar and greenwaste compost amendments on mobility，bioavailability and toxicity of inorganic and organic contaminants in a multi-element polluted soil. Environ Pollut，158(6)：2282-2287.

Birk J，Steiner C，Teixiera W，et al.，2009. Microbial response to charcoal amendments and fertilization of a highly weathered tropical soil . Amazonian Dark Earths：Wim Sombroek，s Vision：309-324.

Bruce F M，2003. Zinc contamination decreases the bacterial diversity of agricultural soil . Fems1Microbiology Ecology，43：13-191.

Burns R G，1982. Enzyme activity in soil：location and a possible role in the microbial ecology. Soil Biology and Biochemistry，14(5)：423-427.

Cao X，Ma L，Gao B，et al.，2009. Dairy-manure derived biochar effectively sorbs lead and atrazine. Environmental Science & Technology，43(9)：3285-3291.

Cao X，Harris W，2010. Properties of dairy-manure-derived biochar pertinent to its potential use in remediation. Bioresource technology，101(14)：5222-5228.

Cetin E，Moghtaderi B，Gupta R，et al.，2004. Influence of pyrolysis conditions on the structure and gasification reactivity of biomass chars. Fuel，83(16)：2139-2150.

Chan K Y，Van Z V L，Meszaros I，et al.，2007. Agronomic value of greenwaste biochar as a soil amendment. Soil Research，45(8)：629-634.

Chander K，Brookes P C，1992. Synthesis of microbial biomass from added glucose in meta-l contaminated and non-contaminated soils following repeated fumigation. Soil Biol. Biochem1，24：613-614.

Chaney R L，Angle J S，Broadhurst C L，et al.，2007. Improved understanding of hyperaccumulation yields commercial phytoextraction and phytomining technologies. Journal of Environmental Quality，36(5)：1429-1443.

Chaney R L，Reeves P G，Ryan J A，et al.，2004. An improved understanding of soil Cd risk to humans and low cost methods to phytoextract Cd from contaminated soils to prevent soil Cd risks. Biometals，17(5)：549-553.

Chen J H，Liu X Y，Zheng J W，et al.，2013. Biochar soil amendment increased bacterial but decreased fungal gene abundance with shifts in community structure in a slightly acidrice paddy from Southwest China. Applied Soil Ecology，71：33-44.

Chun Y，Sheng G，Chiou C T，et al.，2004. Compositions and sorptive properties of crop residue-derived chars. Environmental Science & Technology，38(17)：4649-4655.

Classen A T，Boyle S I，Haskins K E，et al.，2003. Community-level physiological profiles of bacteria and fungi：plate type and incubation temperature influences on contrasting soils. FEMS Microbiology Ecology，44(3)：319-328.

Cui L Q，Li L Q，Zhang A et al.，2011. Bichar amendment greatly reduces rice Cd uptake in a contaminated paddy soil：a two-year field experiment. BioResources，6(3)：2605-2618.

Demirbas A，2004. Effects of temperature and particle size on bio-char yield from pyrolysis ofagricultural residues. Journal of Analytical and Applied Pyrolysis，72(2)：243-248.

Dempster D N，Gleeson D B，Solaiman Z M，et al.，2012. Decreased soil microbial biomass and nitrogen mineralisation with eucalyptus biochar addition to a coarse textured soil. Plant and Soil，354（1/2）：311-324.

Downie A，Crosky A，Munroe P，2009. Physical properties of biochar. Biochar for Environmental Management：Science And Techndogy. 13-32.

Elliott E T，1986. Aggregate structure and carbon，nitrogen，and phosphorus in native and cultivated soils . Soil Science Society of America Journal，50（3）：627-633.

Fellet G，Marchiol L，Delle Vedove G，et al.，2011. Application of biochar on mine tailings：effects and perspectives for land reclamation. Chemosphere，83（9）：1262-1267.

Franzluebbers A J，Arshad M A，1997. Particulate organic carbon content and potential mineralization as affected by tillage and texture. Soil Science Society of America Journal，61（5）：1382-1386.

Glaser B，Haumaier L，Guggenberger G，et al.，2001. The Terra Preta' phenomenon：a model for sustainable agriculture in the humid tropics. Naturwssenschaften，88（1）：37-41.

Gomez-Eyles J L，Sizmur T，Collins C D，et al.，2011. Effect of biochar and the earthworm Eisenia fetida on the bioavailability of polycyclic aromatic hydrocarbons and potentially toxic elements. Environment Pollution，159：616-622.

Graber E R，Harel Y M，Kolton M，et al. 2010. Biochar impact on development and productivity of pepper and tomato grown in fertigated soil less media. Plant Soil，337（1/2）：481-496.

Hamer U，Marschner B，Brodowski S，et al.，2004. Interactive priming of black carbon and glucose mineralization. Organic Geochemistry，35（7）；823-830.

Hardie M，Clothier B，Bound S，et al.，2014. Does biochar influence soil physical properties and soil wateravailability. Plant and Soil，376（1-2）：347-361.

He W X，Zhu M E，Zhang Y P，2000. Recent advance in relationship between soil enzymes and heavy metals. Soil and Environmental Science，9（2）：139-142.

Hmid A，Al Chami Z，Sillen W，et al.，2015. Olive mill waste biochar：a promising soil amendment for metalimmobilization in contaminated soils. Environmental Science and Pollution Research，22（2）：1444-1456.

Hossain M K，Strezov V，Chan K Y，et al.，2011. Influence of pyrolysis temperature on production and nutrient properties of wastewater sludge biochar. Journal of Environmental Management，92（1）：223-228.

Hua L，Wu W，Liu Y，et al.，2009. Reduction of nitrogen loss and Cu and Zn mobility during sludge composting with bamboo charcoal amendment. Environmental Science and Pollution Research，16（1）：1-9.

Jiang J，XU R，2013. Application of crop straw derived biochars to Cu（II）contaminated Ultisol：evaluating roleof alkali and organic functional groups in Cu（II）immobilization. Bioresource Technology，133（4）：537-545

Jindo K，Sánchez-Monedero M A，Hernández T，et al.，2012. Biochar influences the microbial community structure during manure composting with agricultural wastes. Science of the Total Environment，（1）：416，476-81.

Kandeler F，Luftenegger C，Horak O，1996. Influence of heavy metals on the functional diversity of soil microbial communities . Biology and Fertility of Soil，23（3）：299-306.

Karaosmanoglu F，Isigigur-Ergundenler A，Sever A，2000. Biochar fom the stalk of rapeseed plant. Energy Fuels，14（2）：336-339.

Khodadad A R，Zimmerman S J，2011. Green taxa-specific changes in soil microbial community composition induced by pyrogenic carbon amendments. Soil Biology and Biochemistry，43（2）：385-392.

Kishimoto S，Flanagan T B，1985. The thermodynamics of hydrogen in palladium carbon alloys. Zeitschrift Fur Physikalische Chemie

Neue Folge，143：51-59.

Lee J W，Kidder M，Evans B R，et al.，2010. Characterization of biochars produced from cornstovers for soil amendment. Environmental Science & Technology，44(20)：7970-7974.

Lehmann J，2007. A handful of carbon. Nature，443：143-144.

Lehmann J，Joseph S，2009. Biochar for Environmental Management：Science and Technology. London：Earthscan：1-29，107-157.

Liang B，Lehmann J，Solomon D，et al.，2006. Black carbon increases cation exchange capacity in soils. Soil Science Society of America Journal，70(5)：1719-1730.

Luke B，Eduardo M J，Jose L G E，et al.，2011. A review of biochars，Potential role in the remediation，revegetation and restoration of contaminated soils. Environmental Pollution，159(12)：3269-3282.

Luo Y，Durenkamp M，De Nobili M，et al.，2011. Short term soil priming effects and the mineralisation ofbiochar following its incorporation to soils of different pH. Soil Biology and Biochemistry，43(11)：2304-2314.

Maestrini B，Herrmann A M，Nannipieri P，et al.，2014. Ryegrass-derived pyrogenic organic matter changes organic carbon and nitrogen mineralization in a temperate forest soil. Soil Biology & Biochemistry，69：291-301.

Mendez A，Gomez A，Paz-Ferreiro J，et al.，2012. Effects of sewage sludge biochar on plant metal availability after application to a Mediterranean soil. Chemosphere，89：1354-1359.

Noguera D，Rondón，Laossi K R，et al.，2010. Contrasted effect of biochar and earthworms on rice growth and resource allocation in different soils. Soil Biol BioChem，42(7)：1017-1027.

Ozcimen D，Karaosmanoglu F，2004. Production and characterization of bio-oil and biochar from rapeseed cake . Renewable Energy，29(5)：779-787.

Park J H，Choppala G K，Bolan N S，et al.，2011. Biochar reduces the bioavailability and phytotoxicity of heavymetals. Plant and Soil，348(1-2)：439-451.

Pietikainen J，Kiikkila O，Fritze H，2000. Charcoal as a habitat for Microbes and its effects on the microbial community of the underlying humus. Oikos，89：231-242.

Pusker R，Jose L G M，Sandeep K，et al.，2012. Removal of copper and cadmium from aqueous solution using switchgrass biochar produced via hydrothermal carbonization process . Journal of Environmental Management，109：61-69.

Rousk J，Baath E，Brookes P C，2010. Soil bacterial and fungal communities across a pH gradient in an arable soil. The ISME，4(10)，1340-1510.

Satio M，1990. Charcoal as micro habitat for VA mycorrhizal fungi，and its practical application . Agriculture，Ecosystems & Environment，29：341-344.

Shi J，Li L Q，Pan G X，2009. Variation of Cd and Zn concentrations in rice grain of 110 hybrid rice cultivars grown in a low-Cd paddy soil from South China. Journal of Environmental Sciences，21(2)：168-172.

Solaiman Z M，Blackwell P，Abbott L K，et al.，2010. Direct and residual effect of biochar application on mycorrhizal root colonisation，growth and nutrition of wheat. Soil Research，48：546-554.

Steinbeiss S，Gleixner G，Antonietti M，2009. Effect of biochar amendment on soil carbon balance and soil microbial activity. Soil Biology and Biochemistry，41(6)：1301-1310.

Steiner C，Das K C，Garcia M，et al.，2008. Charcoal and smoke extract stimulate the soil microbial community in a highly weathered xanthic ferralsol. Pedobiologia，51：359-366.

Steiner C，Glaser B，Teixeira W G，2008. Nitrogen retention and plant uptake on a highly weathered centralmazonian ferralsol ammended with compost and charcoal . Journal of Plant Nutrition and Soil Science，171 (6)：893-899.

Suhadolc M，Schroll R，Gattinger A，et al.，2004. Effects of modified Pb，Zn and Cd-availability on the microbial communities and on the degradation in a heavy metal contaminated soil. Soil Biology and Biochemistry，36：193-195.

Sun K，Keiluweit M，Kleber M，et al.，2011. Sorption of fluorinated herbicides to plant biomass-derived biochars as a function of molecular structure. Bioresource Technology，102 (21)：9897-9903.

Taketani R G，Tsai S M，2010. The influence of different land uses on the structure of archaeal communities in Amazonian Anthrosols based on 16S rRNA and amoa genes. Microbial Ecology，59：734-743.

Tessier A，campbell P G C，Bisson M，1979. Sequential extracti on procedure for the speciati on of particulace trace metals . Anal Chem，51：844-851.

Uchimiya M，Lima I M，Thomas Klasson K，et al.，2010. Immobilization of heavy metal ions（CuII，CdII，NiII，and PbII）by broiler litter-derived biochars in water and soil. Journal of Agricultural and Food Chemistry，58 (9)：5538-5544.

Xu R，Zhao A，2013. Effect of biochars on adsorption of Cu（II），Pb（II）and Cd（II）by three variable charge soils from southern China. Environmental Science and Pollution Research，20 (12)：8491-8501.

Yuan J H，Xu R K，Zhang H，2011. The forms of alkalis in the biochar produced from crop residues at different temperatures. Bioresource Technology，102 (3)：3488-3497.

Zhang Z，Solaiman Z M，Meney K，et al.，2013. Biochars immobilize soil cadmium，but do not improve growth of emergent wetland species Juncus subsecundus in cadmium-contaminated soil. Journal of Soils and Sediments，13 (1)：140-151.

Zwieten V L，Kimber S，Morris S，et al.，2010. Effect of biochar from slow pyrolysisi of papermill waste on agronomic performance and soil fertility. Plant and Soil，327 (1-2)：235-246.

第 2 章　生物质炭对污染土壤镉形态转化的影响

2.1　生物质炭对土壤镉形态转化的影响

当土壤中镉的初始浓度为 2.5mg·kg^{-1} 时，镉的五种形态变化如图 2.1(a)所示，未添加生物质炭的土壤中各个形态镉的含量占比分别为：可交换态 11.1%、碳酸盐结合态 6.2%、Fe-Mn 氧化物结合态 19.7%、有机物结合态 0.7%、残渣态 62.3%；分别输入生物质炭 2.5 g·kg^{-1}、5.0 g·kg^{-1}、10.0g·kg^{-1} 后，可交换态降低了 2.2%～5.0%，碳酸盐结合态降低了 1.5%～3.1%，Fe-Mn 氧化物结合态降低了 8.4%～12.0%，残渣态提升了 12.4%～20.6%，有机物结合态受生物质炭添加量影响较小，对于轻度镉污染的土壤，输入 10.0g·kg^{-1} 的生物质炭处理效果最佳。

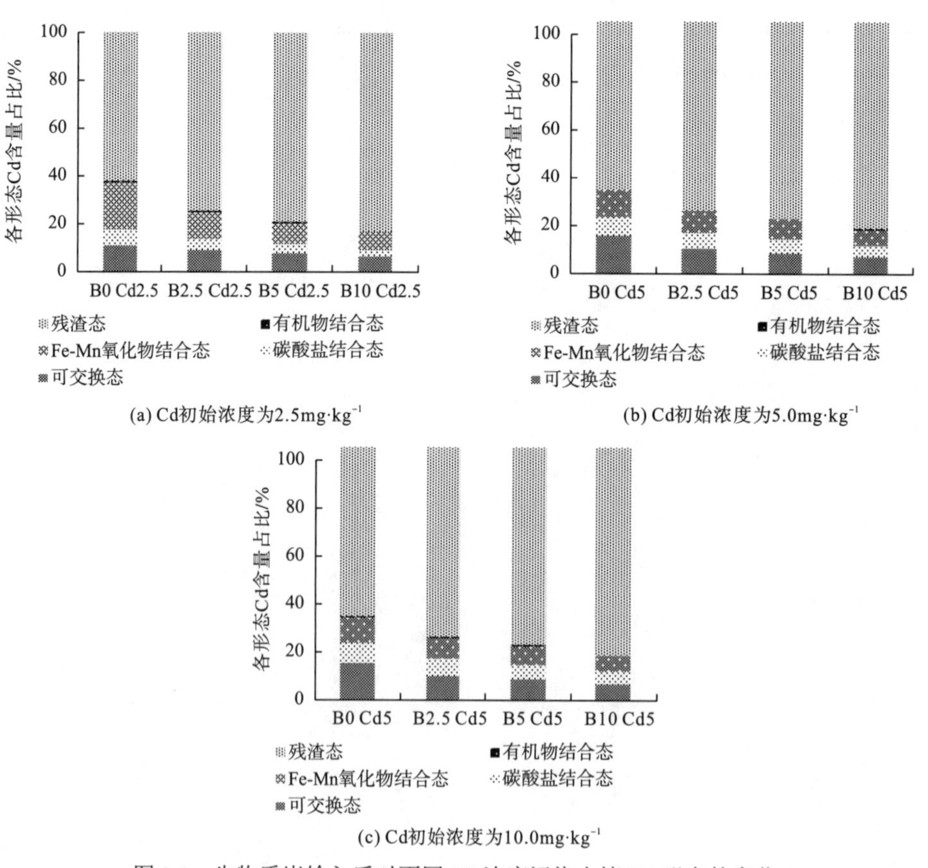

图 2.1　生物质炭输入后对不同 Cd 浓度污染土壤 Cd 形态的变化

当土壤中镉的初始浓度为 5.0mg·kg^{-1}时，镉的五种形态变化如图 2.1(b)所示，未添加生物质炭的土壤中各个形态镉的含量占比为：可交换态 14.4%、碳酸盐结合态 7.8%、Fe-Mn 氧化物结合态 10.4%、有机物结合态 0.4%、残渣态 67%，分别输入生物质炭 2.5g·kg^{-1}、5.0g·kg^{-1}、10g·kg^{-1}后，可交换态降低了 4.8%～7.9%，碳酸盐结合态降低了 1.4%～3.2%，Fe-Mn 氧化物结合态降低了 2.0%～4.1%，残渣态提升了 11.3%～15.5%，有机物结合态受生物质炭添加量影响较小，对于中度镉污染的土壤，输入 10.0g·kg^{-1}的生物质炭处理效果最佳。

当土壤中镉的初始浓度为 10.0mg·kg^{-1}时，镉的五种形态变化如图 2.1(c)所示，未添加生物质炭的土壤中各个形态镉的含量占比为：可交换态 21.3%、碳酸盐结合态 14.0%、Fe-Mn 氧化物结合态 18.2%、有机物结合态 1.0%、残渣态 45.5%；输入生物质炭 2.5g·kg^{-1}、5.0g·kg^{-1}、10.0g·kg^{-1}后，可交换态降低了 4.0%～10.9%，碳酸盐结合态降低了 1.7%～5.7%，Fe-Mn 氧化物结合态降低了 2.1%～7.5%，残渣态提升了 5.9%～22.7%，有机物结合态受有机质添加量影响较小，对于重度镉污染的土壤，输入 10.0g·kg^{-1} 的生物质炭处理效果最佳。

2.2　生物质炭对根际土壤中镉形态转化的影响

从图 2.2、图 2.3 可看出，镉在根际与非根际土壤中各形态状况一致。残渣态为主要存在形态，其次为可交换态、Fe-Mn 氧化物结合态、碳酸盐结合态和有机物结合态。在同一镉污染水平下，随着生物质炭施入量的增加，根际与非根际土壤中各形态镉的含量占比均有显著性差异。当镉含量为 1.0 mg·kg^{-1}时，分别施入 2.5 g·kg^{-1}、5.0 g·kg^{-1}、10.0 g·kg^{-1}生物质炭与不施生物质炭相比，根际与非根际土壤中可交换态、碳酸盐结合态、铁锰氧化物结合态以及有机物结合态镉含量占比趋于下降，残渣态镉含量占比趋于上升；且根际土壤中可交换态和铁锰结合态镉的含量占比低于非根际土壤，根际土壤中碳酸盐结合态、有机物结合态和残渣态镉的含量占比高于非根际土壤。随着生物质炭施入量的增加，镉形态由有效态向残渣态转化，镉的有效性降低。当镉含量为 2.5 mg·kg^{-1}时，分别施入 2.5 g·kg^{-1}、5.0 g·kg^{-1}、10.0 g·kg^{-1}生物质炭与不施生物质炭相比，根际与非根际土壤中的有效态镉含量占比趋于下降，残渣态镉含量占比趋于上升；且根际土壤有效态镉的含量占比均高于非根际土壤，残渣态镉的含量占比均低于非根际土壤。其中，根际与非根际土壤中有机物结合态镉含量占比变化最显著，分别由 4.00%降至 2.08%和 3.63%降至 2.21%，表明镉形态仍由有效态向残渣态转化，镉的生物有效性降低。当镉含量为 5.0 mg·kg^{-1} 时，分别施入 2.5 g·kg^{-1}、5.0 g·kg^{-1}、10.0 g·kg^{-1}生物质炭与不施生物质炭相比，根际与非根际土壤中的可交换态镉的含量占比趋于增加，Fe-Mn 氧化物结合态镉的含量占比先增后减，碳酸盐结合态和有机物结合态镉的含量占比趋于下降，碳酸盐结合态镉含量占比分别由 5.97%、5.56%降至 4.82%、4.89%，有机物结合态镉的含量占比分别由 5.05%、5.00%降至 3.25%、4.79%，残渣态镉的含量占比先减后增；且根际土壤可交换态镉低于非根际土壤，表明随着生物质炭施入量的增加，镉的生物有效性降低。综上所述，随着生物质炭的施入，根际与非根际镉各形态变化显著且含量占比存在显著差异。整体而言，随着生物质炭的施入，根际与非根际镉的有效性降低。施入 10.0 $g·kg^{-1}$ 生物质炭，与对照相比，根际与非根际土壤可交换态、碳酸盐结合态、Fe-Mn 氧化物结合态以及有机物结合态镉含量占比分别降低了 34.64%和 28.15%、49.27%和 63.82%、34.58%和 24.59%、60.04%和 49.00%，残渣态镉分别增加了 14.79%和 16.57%；与施入 2.5 $g·kg^{-1}$、5.0 $g·kg^{-1}$ 生物质炭相比，有效态下降率和残渣态的上升率为最高，表明施加 10.0 $g·kg^{-1}$ 生物质炭对根际与非根际镉形态变化影响最显著。

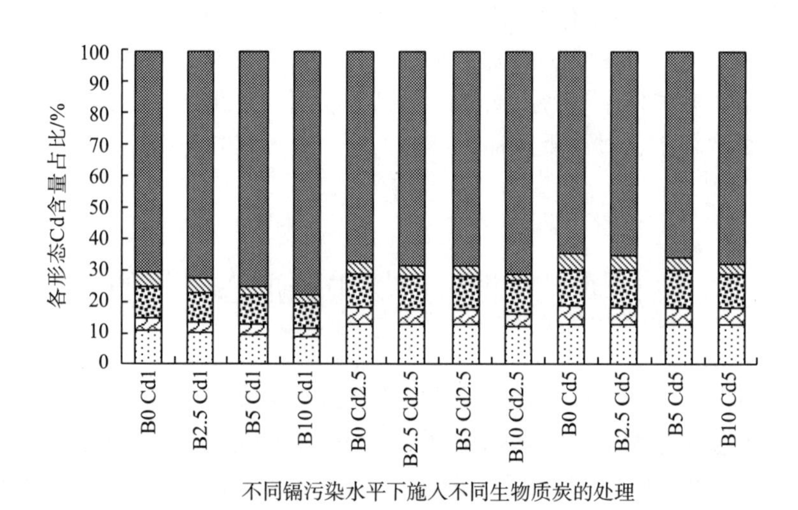

图 2.2　外源镉处理下施入生物质炭对根际土壤镉形态分布影响

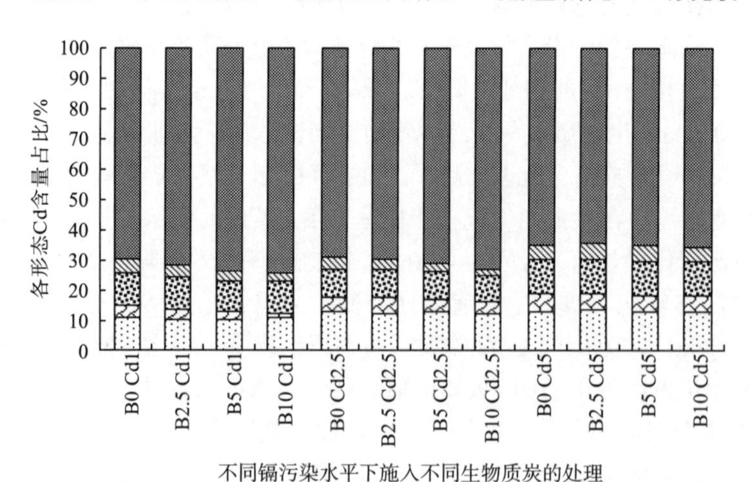

图 2.3　外源镉处理下施入生物质炭对非根际土壤镉形态分布影响

2.3　生物质炭对水稻镉累积的影响

从表 2.1 可以看出，随着镉含量的增加，水稻镉含量均显著增加(P<0.05)。水稻体内镉含量分布由大到小依次为根部、地上部。在同一镉污染水平处理下，随着生物质炭施入量的增加，水稻各部分镉含量均呈显著下降趋势(P<0.05)。当镉含量为 1.0 mg·kg^{-1}时，各生物质炭处理组地上部镉含量较 B0 降低 12.33%～42.51%，根部镉含量也发生相应变化，降低 8.78%～22.86%。根部镉含量分别是地上部镉含量的 1.96 倍、2.04 倍、2.42 倍、2.63 倍。当镉含量为 2.5 mg·kg^{-1}时，各生物质炭处理组地上部镉含量较 B0 降低 2.83%～8.62%，根部镉含量降低 3.36%～10.30%。根部镉含量分别是地上部分镉含量的 1.15 倍、1.15 倍、1.16 倍、1.13 倍。当镉含量为 5.0 mg·kg^{-1}时，各生物质炭处理组地上部镉含量较 B0 降低 10.43%～16.64%，根部镉含量降低 1.95%～7.09%。根部镉含量分别是地上部分镉含量的 1.19 倍、1.31 倍、1.34 倍、1.33 倍。其中，在不同镉污染程度下，施加 10.0 g·kg^{-1}生物质炭比施加 2.5 g·kg^{-1}、5.0 g·kg^{-1}生物质炭对水稻各部分镉含量降低的影响更明显。

表 2.1　施入生物质炭后对水稻地上部及根部镉含量的影响　(单位：mg·kg^{-1})

处理编号	水稻地上部分镉含量	水稻根系部分镉含量
Cd1 B0	0.454 ± 0.017^{a}	0.888 ± 0.041^{a}
Cd1 B2.5	0.398 ± 0.020^{b}	0.810 ± 0.033^{a}
Cd1 B5	0.312 ± 0.028^{c}	0.754 ± 0.028^{b}
Cd1 B10	0.261 ± 0.003^{d}	0.685 ± 0.027^{c}
Cd2.5 B0	1.624 ± 0.011^{a}	1.874 ± 0.045^{a}
Cd2.5 B2.5	1.578 ± 0.016^{ab}	1.811 ± 0.010^{b}
Cd2.5 B5	1.512 ± 0.013^{b}	1.746 ± 0.045^{c}
Cd2.5 B10	1.484 ± 0.046^{c}	1.681 ± 0.020^{d}
Cd5 B0	2.235 ± 0.115^{a}	2.667 ± 0.006^{a}
Cd5 B2.5	2.002 ± 0.019^{a}	2.615 ± 0.016^{a}
Cd5 B5	1.915 ± 0.040^{b}	2.562 ± 0.011^{b}
Cd5 B10	1.863 ± 0.030^{c}	2.478 ± 0.039^{c}

注：不同处理间字母不同代表处理差异显著(P<0.05)。

2.4　讨　　论

2.4.1　生物质炭施入后对土壤镉形态的影响

Tack 和 Verloo(1995)研究发现，重金属镉的生物有效性和在生态系统中的毒害程度不仅与其在土壤中的总量有关，更大程度上取决于镉的存在形态，因此，降低重金属镉对植物的毒害作用首先应该考虑的问题是如何降低土壤中毒性最大的有效态镉的含量及其活跃度，进而限制其在土壤中的迁移、转化能力，使重金属对植物的影响降到最低。朱奇宏等(2010)研究发现通过施用石灰+海泡石作为改良剂，可以有效改善土壤中镉的存在形态，其原因主要是土壤中镉的生物有效性受众多因素的制约，其中土壤pH是最为重要的一个因子，控制着土壤重金属在土壤-溶液间的平衡(Gerriste and Van Driel，1984；Hooda and Alloway，1998)。随着土壤pH的提高，土壤可交换态镉含量不断降低，且主要转化为可还原态以及残渣态，这主要有两个方面的原因：一是土壤胶体表面负电荷增加，对重金属离子的吸附能力增强；二是土壤pH提高可使土壤中的铁、锰等离子形成羟基化合物，提供更多的重金属吸附点位(Gray et al.，1998；Naidu et al.，1994)。Uchaimiya等研究发现生物质炭输入后土壤pH从4.56升高到7.80，重金属可交换态镉含量占比由8.9%下降到5%，络合态镉含量占比由8.8%增加到30.2%，残渣态镉含量占比由3.1%增加到65.1%，生物质炭的输入量和重金属镉的生物活性成反比，本书研究趋势与其相一致，经分析认为生物质炭对土壤重金属镉具有较强的调控作用，可交换态镉含量占比降低的原因是因为土壤pH升高导致土壤表面胶体所带负电荷量增加，从而增加重金属离子的电性吸附；同时，金属阳离子羟基态的形成使得金属离子与土壤吸附电位的亲和力比自由态金属离子强，使土壤中的有机质、铁-锰氧化物等与重金属结合更紧密，从而降低交换态重金属含量。残渣态镉含量明显增加，这可能与生物炭输入后有效硅含量增加有关，土壤重金属镉离子与硅酸根离子形成性质稳定的硅酸盐沉淀，从而增加残渣态镉的含量(Neumann and Zur Nieden，2001)。

2.4.2 生物质炭对根际、非根际土壤镉形态的影响

镉的化学形态决定了其在土壤中的化学行为，进而影响植物根部对镉吸收的难易度(Lorenz et al.，1994)。植物根系在其生长、根系分泌物释放以及对化学物的吸附及解吸等过程中，使根际土壤和非根际土壤具有不同的物理与化学特性。研究表明根际土壤的不同化学和生物条件影响土壤中重金属形态及生物有效性(Dessureault-Rompré et al.，2008；Martínez-Alcalá et al.，2009；Martínez-Alcalá et al.，2010)，且重金属在根际土壤中的动态变化、毒性和生物有效性与非根际土壤大不相同(胡林飞，2012)。本书研究表明，随着生物质炭的施入，根际和非根际土壤中镉的有效性降低。不同处理下，镉形态变化显著且根际与非根际土壤之间的变化存在差异，与刘达等(2016)的研究结论趋势一致。这主要与水稻根际生理活动受生物质炭的影响有关，其引起根际与土壤界面微域环境变化，进而导致根际与非根际土壤中镉形态的转化。张伟明等(2013)研究表明生物质炭的处理对水稻根系形态特征的优化与生理功能的增强具有一定的促进作用。

本书研究中，中低浓度(1.0～5.0mg·kg^{-1})镉污染时，随着生物质炭施入量的增加，残渣态镉含量趋于上升，有效态镉含量趋于下降；低浓度镉污染时，根际土壤中可交换态镉和铁锰结合态镉含量占比均低于非根际土壤；碳酸盐结合态镉、有机结合态镉和残渣态镉与之相反；中浓度镉污染中，根际土壤有效态镉含量占比均高于非根际土壤，残渣态镉含

量占比均低于非根际土壤，表明生物质炭的施入有助于抑制土壤中镉活化且高施入量的生物质炭抑制作用更显著，这与水稻地上部分镉累积量趋于递减基本一致。这主要是因为生物质炭施入土壤后，土壤 pH 提高、有机质含量及微生物活性等增加，引起根际 pH、分泌物和微生物活性等的改变。根际环境(特别是重金属胁迫下的根际环境)与原土体存在显著差异，而根际环境中的 pH、Eh、根系分泌物和根际微生物将直接影响重金属的固定和活化状态，进而影响重金属在土壤与植物中的迁移转化行为(徐卫红　等，2006)。研究表明，土壤中施加生物质炭可抑制根际土壤酶活性，提高根际土壤有机质含量，提高根际土壤微生物多样性并明显改变土壤细菌群落结构(王丽渊　等，2014；顾美英　等，2016)。不同镉污染程度下施入生物质炭，水稻根际碳循环类酶及氧化还原类酶的活性变化显著且均高于非根际土壤(尚艺婕　等，2016)。高浓度镉污染条件下，随着生物质炭施入量的增加，根际和非根际土壤的可交换态镉均增加，铁-锰氧化物结合态镉先增后减，碳酸盐结合态和有机物结合态镉趋于下降，残渣态镉先减后增，表明当土壤中镉污染达到一定水平时，镉可能会破坏根系结构，改变根系分泌物的组成，进而改变根际与非根际土壤中镉形态，使土壤中镉的赋存形态的变化达到一种动态平衡，表明实验用量的生物质炭对高镉含量的土壤修复效果不佳。适量的生物质炭如何改变植物根系分泌物、pH、Eh、溶解氧、微生物等组分进而改变根际与非根际镉形态机理还有待深入研究。

2.4.3　施入生物质炭对植株镉累积的影响

研究表明，镉在植株不同器官中的累积存在差异，通常植株根系中镉含量高于地上部分镉含量，如成熟期的水稻不同部位镉累积规律为根系>茎叶>稻壳>糙米(唐非　等，2013)。施入生物质炭后植株各器官中镉含量降低且施入量的不同影响植株各器官对镉的累积效果(刘阿梅　等，2013；王艳红　等，2015)。本书研究结果与前人结论一致：各镉污染水平下，随着生物质炭施入量的增加，水稻地上部和根部镉含量均有不同程度的下降且根部镉含量高于地上部镉含量，施入 10.0 $g\cdot kg^{-1}$ 生物质炭降低效果最佳。导致这种结果的原因可能有两种。①生物质炭施入土壤后，对水稻的生长发育、光合生理特性、干物质累积都有一定的影响。研究显示，生物质炭可有效促进水稻净光合速率，提高蒸腾速率，使光合与蒸腾作用的协同能力增强，提高水稻光合生产能力(张伟明，2012)。②由于生物质炭施入到不同程度镉污染土壤后，对土壤的主要理化性状产生了影响，在前期对土壤中镉产生了某种“活化”作用，随着时间的延长，生物质炭对各个形态的镉离子吸持能力逐渐增强，对有效态镉离子的“钝化”效果稳定，时间越长，这种效果越为稳固。生物质炭会对土壤 pH 和有机质产生影响，通过对土壤 pH 和有机质含量的改变，以达到对重金属在土壤中存在形态转变的目的，进而达到降低植物吸收累积能力、降低镉的生物有效性的目的。

2.5　结　　论

(1)生物质炭的施入改变各形态镉在土壤中的赋存比例，使土壤中可交换态镉占比降低并向残渣态转化，从而降低镉的生物有效性。

(2) 生物质炭的施入可降低根际和非根际土壤中镉的有效性。不同处理下，镉形态有显著性变化且根际与非根际之间的变化存在差异。中低镉污染水平下，随着生物质炭的增加，根际和非根际土壤中镉形态变化趋于一致但各形态镉含量分布差异大。高镉污染水平下，生物质炭能引起镉形态变化但不显著。三种生物质炭含量处理下，施加 10.0 $g{\cdot}kg^{-1}$ 生物质炭对不同镉污染处理下根际和非根际土壤镉形态转化影响最显著。

(3) 生物质炭的施入使水稻各部分镉含量显著降低($P<0.05$)。水稻各部分镉含量分布为根部>地上部。与 B0 相比，生物质炭处理的阻控效果从大到小依次为 10.0 $g{\cdot}kg^{-1}$、5.0 $g{\cdot}kg^{-1}$、2.5 $g{\cdot}kg^{-1}$。

参 考 文 献

曹莹，邸佳美，沈丹，等，2015. 生物炭对土壤外源镉形态及花生籽粒富集镉的影响. 生态环境学报，24(4)：688-693.

顾美英，唐光木，刘洪亮，等，2016. 施用棉秆炭对新疆连作棉花根际土壤微生物群落结构和功能的影响. 应用生态学报，27(1)：173-181.

胡林飞，2012. 两种基因型水稻根际微域中重金属镉形态差异及其有效性研究. 浙江：浙江大学.

环境保护部，国土资源部，2014. 全国土壤污染状况调查公报.

孔丝纺，姚兴成，张江勇，等，2015. 生物质炭的特性及其应用的研究进展. 生态环境学报，24(4)：716-723.

李江遐，吴林春，张军，等，2015. 生物炭修复土壤重金属污染的研究进展. 生态环境学报，24(12)：2075-2081.

李婧，周艳文，陈森，等，2015. 我国土壤镉污染现状，危害及其治理方法综述. 安徽农学通报，21(24)：104-107.

刘阿梅，向言词，田代科，等，2013. 生物炭对植物生长发育及重金属镉污染吸收的影响. 水土保持学报，27(5)：193-198.

刘达，涂路遥，赵小虎，等，2016. 镉污染土壤施硒对植物生长及根际镉化学行为的影响. 环境科学学报，36(3)：999-1005.

刘晶晶，杨兴，陆扣萍，等，2015. 生物质炭对土壤重金属形态转化及其有效性的影响. 环境科学学报，35 (11)：3679-3687.

毛懿德，铁柏清，叶长城，等，2015. 生物炭对重污染土壤镉形态及油菜吸收镉的影响. 生态与农村环境学报，31(4)：579-582.

尚艺婕，张秀，王海波，2016. 秸秆生物质炭对镉污染水稻土根际酶活性的影响. 农业环境科学学报，35(8)：1532-1540.

唐非，雷鸣，唐贞，等，2013. 不同水稻品种对镉的积累及其动态分布. 农业环境科学学报，32(6)：1092-1098.

王丽渊，刘国顺，王林虹，等，2014. 生物质炭对烤烟干物质积累量及根际土壤理化性质的影响. 华北农学报，29(1)：140-144.

王艳红，李盟军，唐明灯，等，2015. 稻壳基生物炭对生菜 Cd 吸收及土壤养分的影响. 中国生态农业学报，23(2)：207-214.

徐卫红，黄河，王爱华，等，2006. 根系分泌物对土壤重金属活化及其机理研究进展. 生态环境，15(1)：184-189.

许妍哲，方战强，2015. 生物炭修复土壤重金属的研究进展. 环境工程，33(2)：156-159.

张伟明，孟军，王嘉宇，等，2013. 生物炭对水稻根系形态与生理特性及产量的影响. 作物学报，39(8)：1445-1451.

张伟明，2012. 生物炭的理化性质及其在作物生产上的应用. 辽宁：沈阳农业大学.

朱奇宏，黄道友，刘国胜，等，2010. 改良剂对镉污染酸性水稻土的修复效应与机理研究. 中国生态农业学报，18(4)：847-851.

Dessureault-Rompré J，Nowack B，Schulin R，et al.，2008. Metal solubility and formin the rhizosphere of Lupinus albus cluster roots. Environmental science&technology，42(19)：7146-7151.

Gerriste R G，Van Driel W，1984. The relationship between adsorption of trace metals，organic matter，and pH in temperatesoils. Journal of Environmental Quality，13：197-204.

Gray C W，McLaren R G，Roberts A H C，et al.，1998. Sorption and desorpation of cadminum from some New Zealand soils effect of pH and contact time. Soil Research. 36(2)：199-216.

Hooda P S，Alloway B J，1998. Cadmium and lead sorption behaviors of selected English and Indian soils. Geoderma，84：121-134.

Lorenz S E，Hamon R E，McGrath S P，1994. Differences between soil solutions obtained from rhizosphere and non-rhizosphere soils by water displacement and soil centrifugation. European Journal of Soil Science，45(4)：431-438.

Martínez-AlcaláI，Clemente R，Bernal M P，2009，Metal availability and chemical properties in the rhizosphere of *Lupinus albus* L. growing in a high-metal calcareous soil. Water，Air，and Soil Pollution，201(1-4)：283-293.

Martínez-AlcaláI，Walker D J，Bernal M P，2010. Chemical and biological properties in the rhizosphere of *Lupinus albus* alter soil heavy metal fractionation. Ecotoxicology and Environmental Safety，3(4)：595-602.

Naidu R，Bolan N S，Kookana R S，et al.，1994. Ionic-stength and pH effects on the sorption of cadmium and the surface charge of soils. European Journal of Soil Science，45：419-429.

Neumann D，Zur Nieden V，2001. Silicon and heavy metal to lerance of higher plants. Phytochemistry. 56(7)：685-692.

Tack F N G，Verloo M G，1995. Chenical speciation and fractionation in soli and sediment heavy metal analysis，a review. International Journal of Znvivonmental Analytical Chenistry 59(2-4)：225-238.

Zhang H J，Zhang X Z，Li T X，et al.，2014. Variation of cadmium uptake，translocation among rice materials and detecting for potential cadmium-safe cultivars. Environmental Earth Sciences，71(1)：277-286.

第3章　生物质炭对镉污染土壤根际微团聚体镉形态转化的影响

3.1　不同处理下镉在不同粒级微团聚体中的富集

镉(Cd)在土壤不同粒级微团聚体中的富集系数是指不同粒级微团聚体中重金属 Cd 含量与全土中重金属 Cd 含量的比值。由图 3.1 可知，外源 Cd 进入土壤后，主要分布于土壤不同粒级微团聚体中。不同粒级微团聚体中 Cd 的富集顺序由大到小为<0.01 mm、0.01～0.05 mm、0.05～0.25 mm、>2 mm。此外，与对照相比，外施生物质炭显著降低了

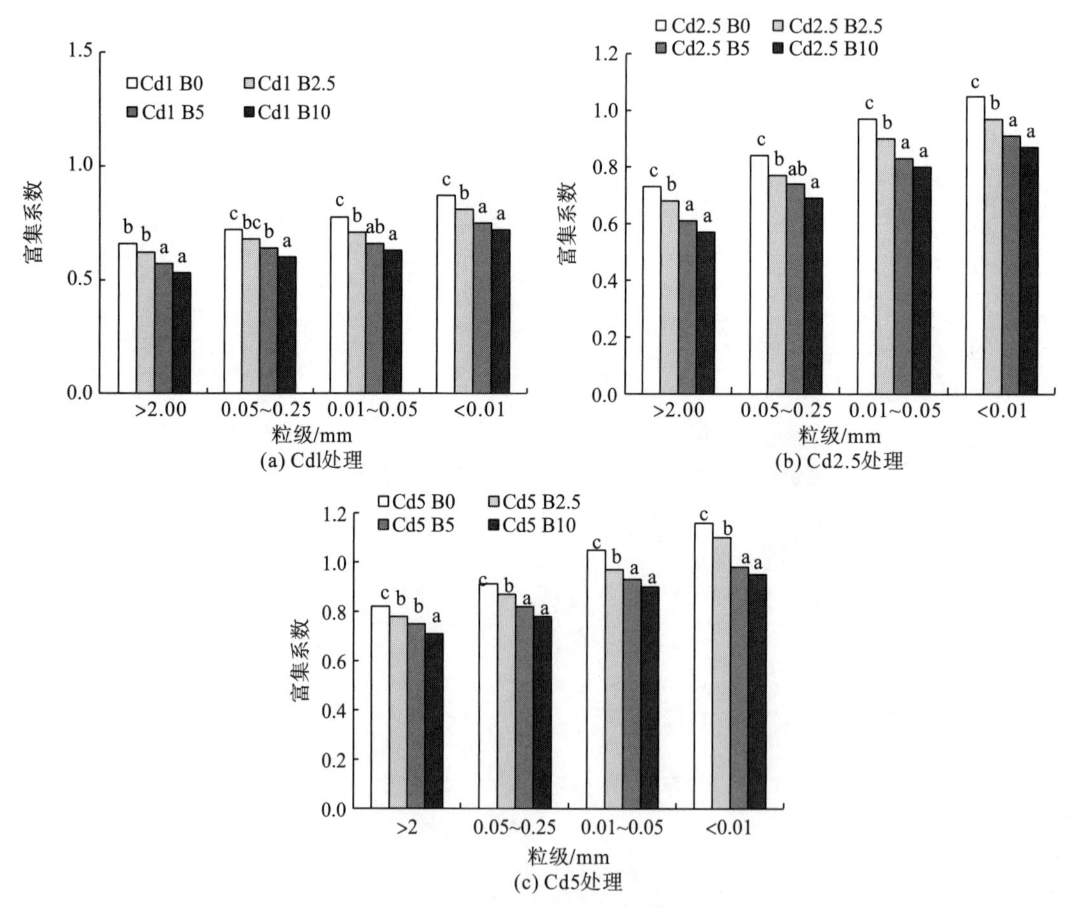

图 3.1　不同处理下 Cd 在不同粒级微团聚体中的富集系数

注：不同施入量生物质炭处理间差异显著($P<0.05$)

Cd 在不同粒级微团聚体中的富集系数($P<0.05$)。在 Cd1、Cd2.5 和 Cd5 处理下，与对照相比，随着生物质炭量的增加，不同粒级 Cd 富集系数分别为 0.53～0.87，0.57～1.05、0.71～1.16；其中，>2 mm、0.05～0.25 mm、0.01～0.05 mm、<0.01 mm 粒级微团聚体土壤的富集系数分别降低了 0.04～0.16、0.04～0.15、0.07～0.17、0.06～0.21。在 B10 处理下，不同粒级 Cd 富集系数均显著下降，并且粒级越小下降量越大，表明高量生物质炭的施加对 Cd 在土壤不同粒级微团聚体中富集影响显著且不同粒级之间存在差异。

3.2　生物质炭对根际不同粒级微团聚体镉形态的影响

由图 3.2 可知，不同处理下同一粒级微团聚体中各形态镉(Cd)的含量呈差异性分布，但分布状况基本一致，在>2 mm、0.05～0.25 mm、0.01～0.05 mm 及<0.01 mm 粒级中，残渣态 Cd 含量在总 Cd 含量中所占比例最高，达 47.2%～74%；其次是交换态和 Fe-Mn 氧化物结合镉，二者含量共占 17.9%～35.0%；碳酸盐结合态和有机物结合态含量所占比例较低。在<0.01 mm 微团聚体中，各形态 Cd 含量在总 Cd 中所占比例均高于其他粒级微团聚体，表明不同粒级微团聚体中的 Cd 主要以残渣态为主且各形态 Cd 含量主要向小粒级微团聚体中富集。与对照相比，生物质炭的施入降低了不同粒级根际微团聚体中可交换态、碳酸盐结合态、Fe-Mn 氧化物结合态以及有机物结合态 Cd 含量，增加了残渣态 Cd 含量。其中，在 Cd1B10 处理下，>2 mm 微团聚体中有机物结合态 Cd 含量降幅最高，达 44.7%，其次是碳酸盐结合态 Cd(Cd1B10、<0.01 mm，44.6%)、交换态 Cd(Cd1B10、>2 mm，38.8%)、Fe-Mn 氧化物结合 Cd)(Cd1B10、0.01～0.05 mm，37.0%)；在 Cd1B10 处理下，0.05～0.25 mm 微团聚体中残渣态 Cd 含量占比增幅最高，达 19.8%。这与前期研究中生物质炭处理下根际土壤各形态 Cd 的变化趋势一致(即 Cd 进入土壤后主要转化成了以残渣态为主)，且轻度 Cd 污染下高量生物炭的施加效果最佳。

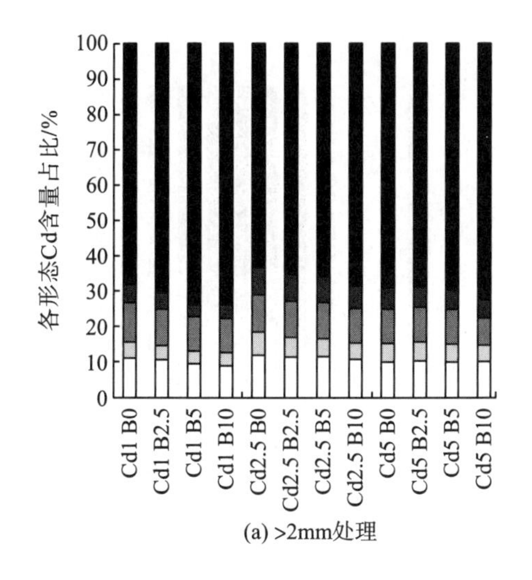

(a) >2mm处理

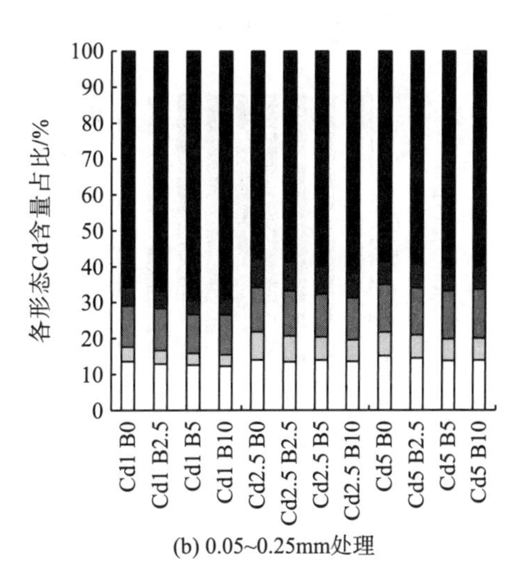

(b) 0.05~0.25mm处理

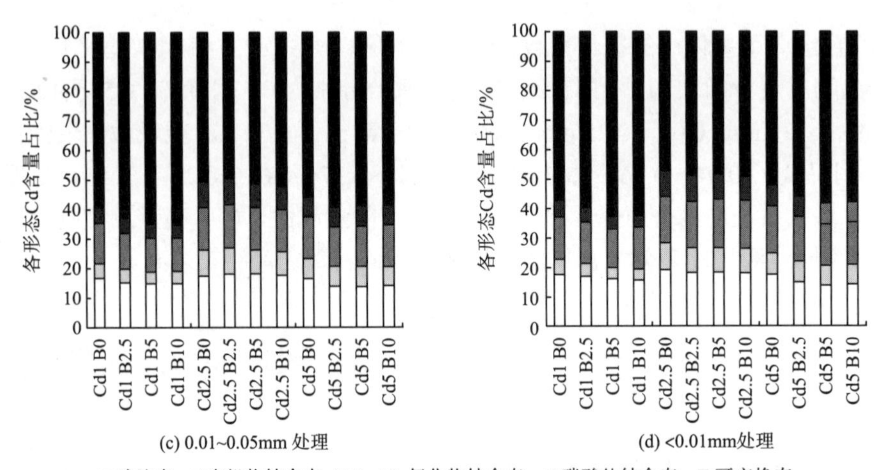

图 3.2 生物质炭输入对不同程度 Cd 污染下各粒径根际微团聚体 Cd 形态的分布

3.3 生物质炭对非根际不同粒级微团聚体镉形态的影响

由图 3.3 可知，在不同镉(Cd)污染程度下，随着生物质炭施入量的增加，非根际土壤中同一粒级微团聚体各形态 Cd 分布及变化与根际趋于一致，但存在差异。即非根际土壤不同粒级微团聚体中可交换态、碳酸盐结合态、Fe-Mn 氧化物结合态以及有机物结合态 Cd 含量下降，残渣态 Cd 含量上升，但非根际土壤中各形态 Cd 含量及分配比例低于根际土壤，后者反之。在 Cd1B10 处理下，0.01～0.05 mm 微团聚体中，有机物结合态 Cd 含量占总 Cd 含量 1.8%，其降幅最高，达 62.3%；在 Cd1B10 处理下，0.01～0.05 mm 微团聚体中，残渣态 Cd 含量占总 Cd 含量 68.7%，其增幅最高，达 20.5%。与根际相比，各形态 Cd 含量降幅或增幅最高都在同一处理中(Cd1B10)，但所在粒级不同，非根际土壤粒级趋小且变化率略高于根际土壤。

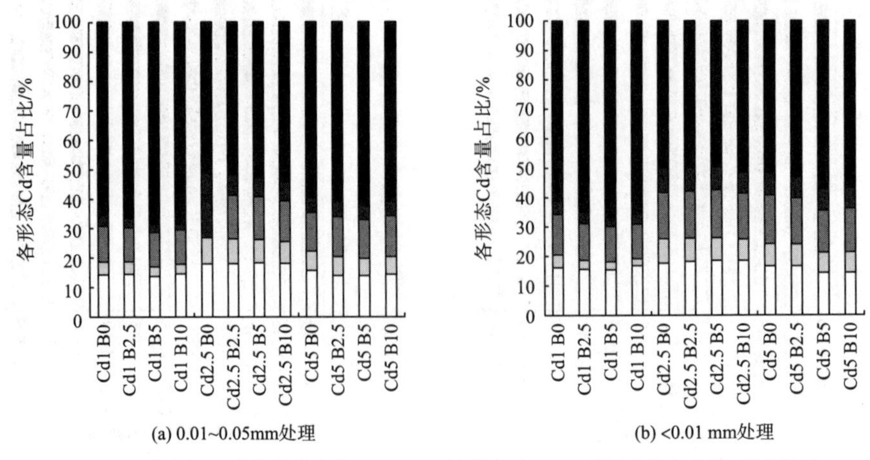

图 3.3 生物质炭输入对不同程度 Cd 污染下各粒径非根际微团聚体 Cd 形态的分布

3.4 讨　论

3.4.1 不同处理对镉在不同粒级微团聚体中富集的影响

团聚体是土壤结构的基本组成部分，直接影响重金属在土壤微域中的空间分异；不同粒径团聚体的组成结构和比表面积有所差异，因此重金属在其中的富集特征也存在差异(路雨楠 等，2014)。研究已证实，土壤中重金属含量受土壤团聚体颗粒大小的制约，且土壤中重金属累积与土壤团聚体颗粒大小呈负相关(Qian et al.，1996；Fernández-Martínez et al.，2006；Ajmone-Marsan et al.，2008)；土壤团聚体粒径越小，其表面积越大，则对重金属和有机毒物的富集能力越强(Ajmone-Marsan et al.，2008; Schulten and Leinweber，2000; Acosta et al.，2009)。这与笔者所得研究结果一致，外源镉(Cd)进入土壤后，主要分布于土壤不同粒级微团聚体中且含量随粒级减小而增加。由此表明，重金属 Cd 进入土壤后主要向不同粒级微团聚体中富集且主要向小粒级微团聚体富集，即小粒级微团聚体是 Cd 进入土壤后主要的聚积地。该研究结果还表明，当生物质炭施加后，降低了 Cd 在土壤不同粒级微团聚体中的富集系数。分析原因可知，生物质炭自身具有独特的理化性质，进入土壤后对土壤微域环境产生交互作用而改变土壤的理化性质，最终直接或间接降低 Cd 在土壤团聚体中的富集量。生物质炭施入土壤后，与土壤团聚体的 CEC 呈正相关关系，能增加土壤平均 CEC，从而提高土壤对阳离子的吸附能力，对土壤重金属污染表现出一定固持性(尚艺婕 等，2015)；能显著提高 0～20 cm 土层中土壤总有机碳、颗粒有机碳、土壤水溶性有机碳和易氧化有机碳含量(王月玲 等，2017)，而生物质炭对重金属的固持机理主要形式之一是金属离子与碳表面电荷产生静电作用(Cao et al.，2009)，由此有机碳增加，增强土壤重金属固持性；还可提高土壤中微生物群落碳源代谢活性及功能多样性，<0.25 mm 微团聚体中微生物碳代谢功能多样性重金属 Cd 胁迫效应与生物质炭保护效应均最显著(张秀 等，2017)。

其中，不同 Cd 处理下，与对照相比，随着生物质炭的增加，各粒级镉富集系数分别为 0.53～0.87，0.57～1.05、0.71～1.16。Sheppard 和 Evenden(1994)研究指出，不论何种类型土壤，污染物在粒径<50 μm 的团聚体颗粒组中的富集量是原状土壤含量的十多倍。而 Cd1 处理下所得结果与之相反。分析可知，Sheppard 和 Evenden(1994)的研究主要集中在<50 μm 的团聚体颗粒组，与笔者研究中的团聚体粒级组存有差异。路雨楠(2015)研究表明 LF09 土壤样品 Cd 含量为 0.81 $mg\cdot kg^{-1}$，>4 mm、2～4 mm、1～2 mm、0.25～1 mm、0.053～0.25 mm、<0.053 mm 镉含量分别为 1.05 $mg\cdot kg^{-1}$、0.59 $mg\cdot kg^{-1}$、0.88 $mg\cdot kg^{-1}$、0.57 $mg\cdot kg^{-1}$、0.57 $mg\cdot kg^{-1}$、0.67 $mg\cdot kg^{-1}$。由此可知，除>4 mm 富集系数大于 1，其余均小于 1，表明粒级大小可能影响富集系数。本书研究中富集量也可能与团聚体的粒级分布、生物质炭以及植株对 Cd 的累积等因素相关，导致 Cd1 处理下不施炭时富集系数基值小于 1；随着生物质炭的添加，对土壤 Cd 的吸附和固持作用增强，各粒级土壤 Cd 含量减少，富集系数降低导致此结果。

3.4.2 生物质炭对根际、非根际不同粒级微团聚体镉形态转化的影响

当生物质炭施入土壤后，可通过自身特性直接或间接改变土壤性质等影响土壤中重金属的赋存形态，由此影响土壤中重金属元素的迁移与生物有效性。该研究结果表明，在不同镉(Cd)污染程度下，随着生物质炭施入量的增加，根际、非根际土壤不同粒级微团聚体可交换态、碳酸盐结合态、Fe-Mn 氧化物结合态以及有机物结合态 Cd 含量下降，残渣态 Cd 含量上升。相关研究表明，当外源 Cd 施入土壤后，Cd 赋存形态呈以有效态为主、残渣态次之的情形，其中不同粒级微团聚体中赋存形态情况也基本一致。而生物质炭施入土壤后，根际、非根际土壤中有效态 Cd 含量下降，残渣态 Cd 含量上升，有效态向残渣态转变，作物生物有效性降低。由此表明，生物质炭对根际、非根际土壤不同粒级微团聚体各形态 Cd 的影响与根际、非根际土壤情况也基本一致，最终降低土壤 Cd 的有效性。分析原因可知，不同粒级微团聚体中 Cd 含量与不同粒级微团聚体中有机质、碳酸钙和氧化铁含量呈极显著正相关。而生物质炭施入能提高土壤的 C/N，虽然生物质炭具有部分易挥发物以及初期表面官能团氧化，但随存在时间的延长，表面钝化后的生物质炭与土壤相互作用将产生一种保护机制，从而增加有机质的氧化稳定性，提高土壤有机碳的累积(Qian et al.，1999)。由此土壤 w(有机质含量)增加，引起微团聚体各形态 Cd 含量及分配比的变化。微团聚体颗粒对重金属的吸附量受溶液 pH 影响显著，pH 升高引起土壤表面负电荷增加，导致吸附点位增加，从而增加重金属离子吸附量(Harrington et al.，1999；董长勋 等，2009)。此外，微团聚体颗粒重金属非专性吸附率随溶液 pH 增加而减小，而专性吸附率与之相反，表明低 pH 条件下利于非专性吸附，高 pH 条件下利于专性吸附。所以土壤溶液在低 pH 条件下可增加重金属迁移和生物有效性的风险，反之 pH 升高可增强重金属固持力。而生物质炭一般呈碱性，能提高土壤 pH，降低微团聚体 w(有效态 Cd)，使其转化为残渣态，Cd 生物有效性降低。Durenkamp 等(2010)添加生物质炭对不同土壤进行土壤微生物量碳测定，结果发现黏质土的土壤微生物量碳含量随生物质炭添加量的增加而增加，砂质土呈下降趋势，表明生物质炭对不同粒级土壤微生物量碳影响不同且差异较大。而微生物量碳是有机物分解和循环的动力，是土壤养分变化的重要参数，也是土壤活性的养分储存库，其变化可反映土壤的污染程度。而生物质炭既能够提高土壤养分，又能增强土壤重金属的吸附与固持力，由此生物质炭对微生物量碳的作用也将引起根际、非根际微团聚体 Cd 形态转化，降低土壤 Cd 的污染程度。

3.5 结　论

(1) Cd 在土壤不同粒级微团聚体中的富集是随着粒级减小而增加，由大到小依次为 <0.01 mm、0.01～0.05 mm、0.05～0.25 mm、>2 mm。生物质炭施入量的增加显著降低了土壤中不同粒级微团聚体 Cd 富集系数。

(2) 不同处理下，根际、非根际不同粒级微团聚体土壤中的 Cd 主要以残渣态为主，且各形态 Cd 含量主要向小粒级微团聚体中富集。

(3)在不同 Cd 污染程度下，随着生物质炭施入量的增加，根际土壤、非根际土壤中同一粒级微团聚体各形态 Cd 分布及变化趋于一致，但存在差异。根际土壤、非根际土壤不同粒级微团聚体中可交换态、Fe-Mn 氧化物结合态、有机物结合态以及碳酸盐结合态 Cd 含量下降，残渣态 Cd 含量上升，有效态 Cd 向残渣态 Cd 转变，Cd 的生物有效性降低。其中，轻度 Cd 污染下，高量生物炭的施加效果最佳。对于根际土壤、非根际土壤有机结合态 Cd，在 Cd1B10 处理下分别于>2 mm 和 0.01～0.05 mm 微团聚体中的降幅最高，为 44.7%和 62.3%；对于残渣态 Cd，在 Cd1B10 处理下分别于 0.05～0.25 mm 和 0.01～0.05 mm 微团聚体中的增幅最高，为 19.8%和 20.5%。因此，非根际土壤与根际土壤相比，其处理相同但粒级以及变化率却不同，非根际土壤粒级趋小且变化率略高于根际土壤。

参考文献

董长勋，熊建军，李园，等，2009. 土壤微团聚体基本性质及其对重金属吸附的研究进展. 土壤通报，40(4)：972-976.

路雨楠，徐殿斗，成杭新，等，2014. 土壤团聚体中重金属富集特征研究进展. 土壤通报，45(4)：1008-1013.

路雨楠，2015. 土壤团聚体中元素种态分布的研究. 北京：北京化工大学.

尚艺婕，王海波，史静，2015. 生物质炭对土壤团聚体微域环境及重金属污染的作用研究. 中国农学通报，31(7)：223-228.

王月玲，周凤，张帆，等，2017. 施用生物炭对土壤呼吸以及土壤有机碳组分的影响. 环境科学研究，30(6)：920-928.

张秀，夏运生，尚艺婕，等，2017. 生物质炭对 Cd 污染土壤微生物多样性的影响. 中国环境科学，37(1)：252-262.

Acosta J A，Cano A F，Arocena J M，et al.，2009. Distribution of metals in soil particle size fractions and its implication to risk assessment of play-grounds in Murcia City (Spain). Geoderma，149(1/2)：101-109.

Ajmone-Marsan F，Biasioli M，Kralj T，et al.，2008. Metals in particle-size fractions of the soils of five European cities. Environmental Pollution，152(1)：73-81.

Cao X，Ma L，Gao B，et al.，2009. Dairy-manure derived biochar effectively sorbs lead and atrazine. Environmental Science & Technology，43(9)：3285-3291.

Durenkamp M，Luo Y，Brookes P C，2010. Impact of black carbon addition to soil on the determination of soil microbial biomass by fumigation extraction. Soil Biology and Biochemistry，42(11)：2026-2029.

Fernández-Martínez R，Loredo J，Ordóñez A，et al.，2006. Physicochemical characterization and mercury speciation of particle-size soil fractions from an abandoned mining area in Mieres，Asturias (Spain). Environmental Pollution，142(2)：217-226.

Harrington M A，Gunderson K L，Kopito R R，1999. Redox reagents and divalent cations alter the kinetics of cystic fibrosis transmembrane conductance regulator channel gating. Journal of Biological Chemistry，274(39)：27536-27544.

Qian J，Shan X，Wang Z，et al.，1996. Distribution and plant availability of heavy metals in different particle-size fractions of soil. Science of the Total Environment，187(2)：131-141.

Qian J H，Zayed A，Zhu Y L，et al.，1999. Phytoaccumulation of trace elements by wetland plants：III. uptake and accumulation of ten trace elements by twelve plant species. Journal of Environmental Quality，28(5)：1448-1455.

Sheppard S C，Evenden W G，1994. Contaminant enrichment and properties of soil adhering to skin. Journal of Environmental Quality，23(3)：604-613.

Schulten H R，Leinweber P，2000. New insights into organic-mineral particles：composition，properties and models of molecular structure. Biology and Fertility of Soils，30(5)：399-432.

第4章　生物质炭对镉污染土壤酶活性的影响

4.1　生物质炭对镉污染土壤酶活性的影响

4.1.1　生物质炭对镉污染土壤碳循环酶活性的影响

经测定，不同生物质炭量的输入对镉(Cd)污染土壤碳循环相关酶活性产生了显著影响。由表4.1可以看出，当试验土壤不加外源Cd时，不同生物质炭量的施入对FDA水解酶活性有着显著的影响，并且当生物质炭的含量为2.5 $g·kg^{-1}$时，该酶活性降至最低值，为0.0168 $μg·g^{-1}$，比不添加生物质炭时的0.2369 $μg·g^{-1}$降低了92.91%，当生物质炭的施入量为5 $g·kg^{-1}$时，FDA水解酶的活性有所提高，为0.1959 $μg·g^{-1}$；而当Cd的施入量为5 $mg·kg^{-1}$时，不同量生物质炭的施入对FDA水解酶活性的影响趋于平稳，酶活性之间的差异不显著，FDA水解酶的酶活性最低值出现于不添加生物质炭时，最高值出现于生物质炭施入量为2.5 $g·kg^{-1}$时。

表4.1　不同处理下土壤碳循环酶的活性分布　（单位：$μg·g^{-1}$）

酶的类型	不同处理					
	Cd0 B0	Cd0 B2.5	Cd0 B5	Cd5 B0	Cd5 B2.5	Cd5 B5
FDA水解酶	$0.2369±0.0183^{a}$	$0.0168^{b}±0.0168^{c}$	$0.1959±0.010^{b}$	$0.1096±0.0227^{c}$	$0.1570±0.010^{c}$	$0.1419±0.020b^{c}$
纤维素酶	$0.1023±0.0118^{c}$	$0.1143±0.0225^{c}$	$0.1364±0.0080^{c}$	$0.1178±0.0314^{c}$	$0.1335±0.040^{c}$	$0.1180±0.0326^{c}$
蛋白酶	$0.4928±0.0287^{b}$	$0.1815±0.0302^{c}$	$0.1990±0.0040^{c}$	$0.9992±0.0210^{a}$	$0.1990±0.1131^{c}$	$0.1641±0.0605^{c}$

注：表中数据为平均值±标准差。不同处理间字母不同表示差异达显著水平($P<0.05$)。

纤维素酶活性在不同量的生物质炭作用下变化没有显著性差异。当不加Cd时，纤维素酶的酶活性随着生物质炭施入量的增加呈现递增关系，从不添加生物质炭时的0.1023 $μg·g^{-1}$增加到生物质炭含量为2.5 $g·kg^{-1}$时的0.1143 $mg·kg^{-1}$，再到生物质炭含量为5 $g·kg^{-1}$时的0.1364 $μg·g^{-1}$。而当Cd的加入量为5 $mg·kg^{-1}$时，这种递增关系被打乱，当生物质炭的含量为2.5 $g·kg^{-1}$时，纤维素酶的酶活性最高为0.1335 $μg·g^{-1}$，比生物质炭含量为0 $g·kg^{-1}$

和 5 g·kg^{-1}时的 0.1178 μg·g^{-1}和 0.1180 μg·g^{-1}分别高出 13.33%和 13.14%，由此可见，当生物质炭的施入量为 2.5 g·kg^{-1}时，纤维素酶在不同 Cd 污染程度下的活性变化相对较大。

蛋白酶活性随着不同生物质炭量的加入变化相当明显，由表 4.1 的数值可以明显看出，当土壤中不加 Cd 时，蛋白酶的活性从不加生物质炭时的 0.4928 μg·g^{-1}下降到生物质炭含量为 2.5 g·kg^{-1}时的 0.1815 μg·g^{-1}，而后趋于平稳。而当 Cd 的含量为 5 mg·kg^{-1}时，土壤蛋白酶的活性随着生物质炭量的增加先显著降低然后趋于平稳，只是酶的整体活性水平有所提高，最高为不添加生物质炭时为 0.9992 μg·g^{-1}，当土壤中生物质炭的含量为 2.5 g·kg^{-1}时，蛋白酶的活性下降为 0.1990 μg·g^{-1}，后趋于稳定；当不加生物质炭时，蛋白酶的活性由不受 Cd 污染时的 0.4928 μg·g^{-1}上升到 Cd 含量为 5 mg·kg^{-1}时的 0.9992 μg·g^{-1}；由此可见，生物质炭含量为 2.5 g·kg^{-1}时，蛋白酶的变化梯度相对较为明显。

4.1.2　生物质炭对镉污染土壤氧化还原酶活性的影响

测定表明，受 Cd 污染土壤的脲酶活性在加入生物质炭后整体降低。由表 4.2 的数据得出当土壤中不加 Cd 时，随着生物质炭量的增加，脲酶的活性改变不甚明显，而当 Cd 含量为 5mg·kg^{-1}时，随着生物质炭施入量的增加，该酶的活性亦是相对平稳，只是 Cd 含量为 5 mg·kg^{-1}时，脲酶活性的平均水平为 0.0849 μg·g^{-1}，比不加 Cd 时的 0.1166 μg·g^{-1}低 27.19%；可见土壤受 Cd 污染后对土壤脲酶活性具有抑制作用。

表 4.2　不同处理下土壤氧化还原酶的活性值　（单位：μg·g^{-1}）

酶的类型	不同处理					
	Cd0 B0	Cd0 B2.5	Cd0 B5	Cd5 B0	Cd5 B2.5	Cd5 B5
脲酶	0.1124±0.0246^{c}	0.1096±0.0097^{c}	0.1278±0.0032^{c}	0.0816±0.0192^{c}	0.0886±0.0207^{c}	0.0844±0.0267^{c}
蔗糖酶	0.0399±0.0136^{c}	0.0752±0.0090^{b}	0.0512b±0.0113^{c}	0.0432±0.093^{c}	0.0656±0.0222^{ab}	0.0336±0.0115^{c}
磷酸酶	0.0481±0.0022^{b}	0.0745±0.0071^{a}	0.0666±0.0039^{a}	0.0146±0.0012^{c}	0.0145±0.0077^{c}	0.0098±0.0033^{c}
过氧化氢酶	2.7967±0.2914^{c}	2.7083±0.2152^{c}	3.2330±0.2151^{b}	2.4368±0.1660^{c}	3.3177±0.0403^{b}	2.6238±0.3729^{c}

注：表中数据为平均±标准差。不同处理间字母不同表示差异达显著水平（$P<0.05$）。

随着土壤受 Cd 污染的不同程度及生物质炭量的施入，蔗糖酶活性变化显著。当土壤中 Cd 的含量为 5 mg·kg^{-1}时及土壤中不含 Cd 时，随着生物质炭的施入，蔗糖酶活性均呈现先高后低的趋势，最高值均出现在生物质炭的含量为 2.5 g·kg^{-1}时。土壤中 Cd 的含量为 5 mg·kg^{-1}时，蔗糖酶活性为 0.0656 μg·g^{-1}，土壤中不含 Cd 时，蔗糖酶活性为 0.0752 μg·g^{-1}。当不加生物质炭时，蔗糖酶的活性变化量相对较小，当生物质炭的施入量为 5 g·kg^{-1}时，蔗糖酶活性变化较大。

磷酸酶活性对土壤 Cd 污染表现出极强的相关性，由表 4.1 的数据可以得出，当土壤中不加入 Cd 时，随着生物质炭的施入，磷酸酶活性先高后低，此时，该酶活性的平均值为 0.0631 μg·g^{-1}，而当 Cd 含量为 5 mg·kg^{-1}时，土壤磷酸酶活性急剧下降，平均值只有

0.0130 μg·g^{-1}，与不受 Cd 污染的土壤相比，下降了 79.40%，变化梯度显著，可见磷酸酶对 Cd 污染土壤的响应异常敏感。

当土壤不受 Cd 污染时，随着生物质炭施入量的增加，过氧化氢酶的活性先是略微下降后上升；当 Cd 的含量为 5 mg·kg^{-1}时，随着生物质炭施入量的增加，该酶活性先升后降，生物质炭的含量为 2.5 g·kg^{-1}时最高，为 3.3177 μg·g^{-1}，比不加生物质炭时的 2.4368 μg·g^{-1}及施加 5 g·kg^{-1}的生物质炭量的 2.6238 μg·g^{-1}分别高出 36.15%及 26.45%。

4.1.3 生物质炭对镉污染土壤综合酶活性的影响

1. 生物质炭对土壤碳循环综合酶活性的影响

对不同处理下的土壤碳循环综合酶活性求几何平均数(geametric mean)，作为衡量土壤碳循环酶的综合指标，其计算结果如图 4.1 所示，从图 4.1 中可看出不同处理下的土壤碳循环综合酶活性变化，在土壤不受 Cd 污染的情况下，土壤碳循环综合酶活性指数值最高为生物质炭用量为 2.5 g·kg^{-1}时，而当生物质炭的施入量为 5 g·kg^{-1}时，酶活性下降显著；当土壤 Cd 含量为 5 mg·kg^{-1}时，土壤碳循环综合酶活性指数值最高亦为生物质炭的施入量为 2.5 g·kg^{-1}时的 0.174 μg·g^{-1}，比不加生物质炭时的 0.161 μg·g^{-1}及生物质炭用量为 5%时的 0.140 μg·g^{-1}分别高出 8.07%及 24.29%。

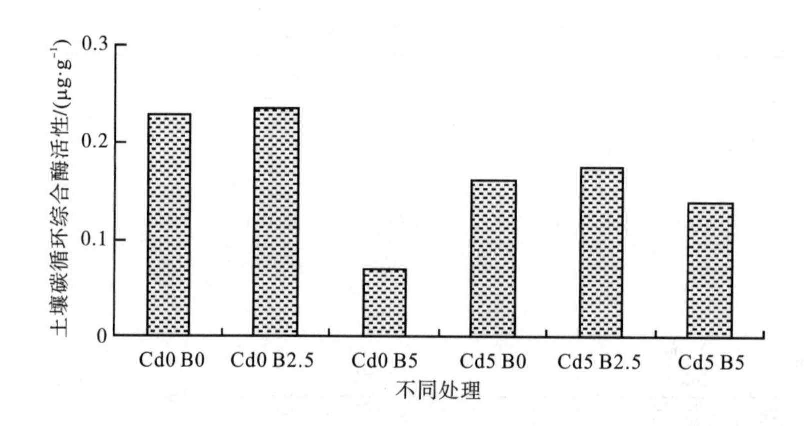

图 4.1 不同处理下土壤碳循环综合酶活性分布

2. 生物质炭对土壤氧化还原综合酶活性的影响

对不同处理下的土壤氧化还原综合酶活性求几何平均数，作为衡量土壤中氧化还原综合酶活性的指标，其计算结果如图 4.2 所示，从图 4.2 可看出在土壤不含 Cd 时及 Cd 的加入量为 5mg·kg^{-1}时，土壤氧化还原综合酶活性均是先升后降。当不加 Cd 时，生物质炭施入量为 2.5 g·kg^{-1}时，土壤氧化还原综合酶活性最高，其值为 0.202 μg·g^{-1}，比不加生物质炭时的 0.157 μg·g^{-1}及生物质炭用量为 5 g·kg^{-1}时的 0.194 μg·g^{-1}分别高出 28.66%及 4.12%；当土壤 Cd 含量为 5mg·kg^{-1}时，氧化还原综合酶活性指数最高亦为生物质炭的施入量为

2.5 g·kg^{-1} 时，其值为 0.131 μg·g^{-1}，比不加生物质炭时的 0.107 μg·g^{-1} 及生物质炭用量为 5 g·kg^{-1} 时的 0.093 μg·g^{-1} 分别高出 22.43%及 40.86%。

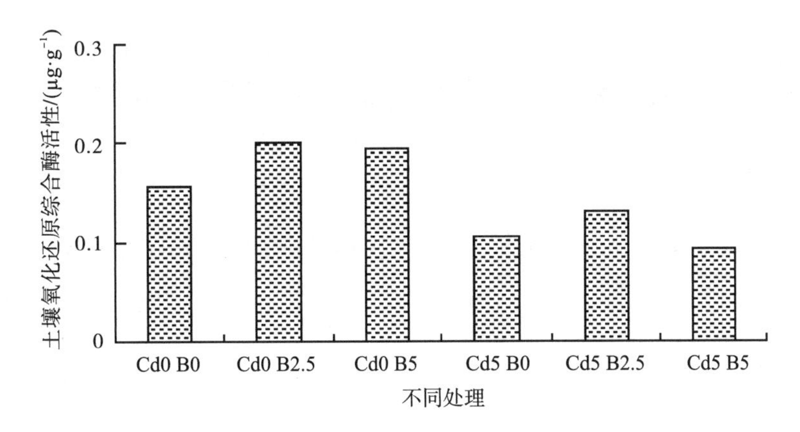

图 4.2　不同处理下土壤氧化还原综合酶活性分布

3. 生物质炭对土壤综合酶活性的影响

对不同处理下的土壤中各种酶活性求几何平均数，作为衡量土壤质量的综合酶活性指标，其计算结果如图 4.3 所示。无论土壤是否受 Cd 污染，土壤综合酶活性指数最高值均为生物质炭的施入量为 2.5 g·kg^{-1} 时。当土壤不加 Cd 时，生物质炭施入量为 2.5 g·kg^{-1} 时的综合酶活性指数为 0.167 μg·g^{-1}，比不加生物质炭时的 0.139 μg·g^{-1} 及生物质炭用量为 5 g·kg^{-1} 时的 0.090 μg·g^{-1} 分别高出 20.14%及 85.56%；当土壤 Cd 添加量为 5mg·kg^{-1} 时，生物质炭施入量为 2.5 g·kg^{-1} 时的综合酶活性指数为 0.108 μg·g^{-1}，比不加生物质炭时的 0.091 μg·g^{-1} 及生物质炭用量为 5 g·kg^{-1} 时的 0.077 μg·g^{-1} 分别高出 18.68%及 40.26%。

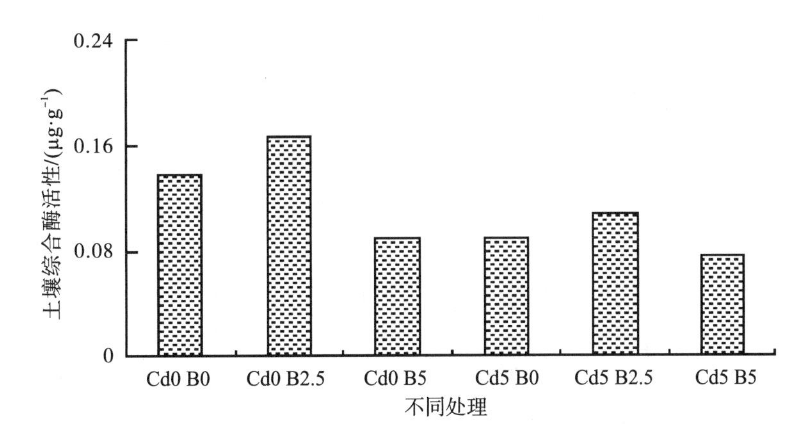

图 4.3　不同处理下两类土壤综合酶活性分布

4.2 生物质炭对镉污染水稻根际及非根际土壤酶活性的影响

4.2.1 生物质炭对镉污染水稻根际及非根际土壤碳循环酶活性的影响

1. 生物质炭对土壤 FDA 水解酶活性的影响

对实验处理所得到的水稻根际土及非根际土的 FDA 水解酶的活性进行测定计算，得出如图 4.4 所示结果。

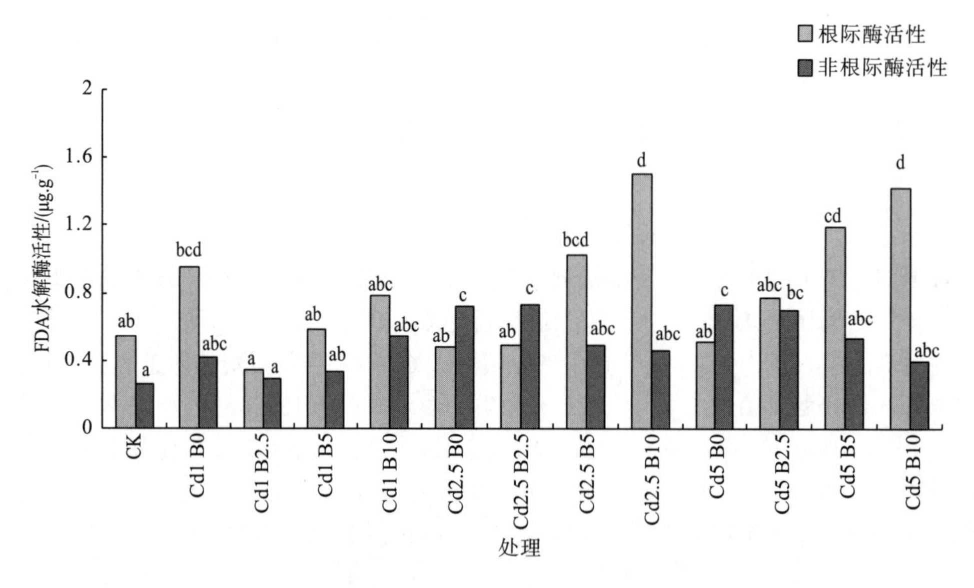

图 4.4 水稻根际土壤及非根际土壤 FDA 水解酶的活性值比较

注：不同处理间字母不同表示差异达显著水平(p<0.05)，后同。

当土壤中 Cd 的施入量为 1 mg·kg^{-1}时，在不加生物质炭时，水稻根际土 FDA 水解酶的活性为 0.953 μg·g^{-1}，随着生物质炭的施入，水稻根际土 FDA 水解酶的活性逐渐升高，当生物质炭的用量为 2.5 g·kg^{-1}、5 g·kg^{-1}及 10 g·kg^{-1}时，FDA 水解酶的活性值分别增加 71.64%及 34.07%。当土壤中 Cd 的施入量为 2.5 mg·kg^{-1}时，水稻根际土壤 FDA 水解酶的活性随着生物质炭施入量的增加亦呈上升的趋势，当生物质炭的施入量分别为 0 g·kg^{-1}、2.5 g·kg^{-1}、5 g·kg^{-1}及 10 g·kg^{-1}时，水稻根际土的 FDA 水解酶活性值分别比前者增加 1.23%、100.08%及 47.06%。当土壤中 Cd 的施入量为 5 mg·kg^{-1}时，水稻根际土壤酶的活性值随着生物质炭量的施入，呈显著的递增趋势。当生物质炭的施用量分别为 0 g·kg^{-1}、2.5 g·kg^{-1}、5 g·kg^{-1}及 10 g·kg^{-1}时，水稻根际土壤 FDA 水解酶的活性值分别为 0.508 μg·g^{-1}、0.777 μg·g^{-1}、1.190 μg·g^{-1}、1.428 μg·g^{-1}。

当土壤中 Cd 的施入量为 1 mg·kg^{-1}时，水稻非根际土壤 FDA 水解酶活性值变化趋势同根际土壤酶活性相类似。当土壤中不加生物质炭时，水稻非根际土壤 FDA 水解酶活性值为 0.422 μg·g^{-1}，而随着生物质炭的施入，水稻非根际土 FDA 水解酶活性逐渐升高。当土壤中 Cd 的施入量为 2.5 mg·kg^{-1}时，水稻非根际土 FDA 水解酶的活性随着生物质炭用量的增加呈现先增加后逐渐减少的趋势。当土壤中 Cd 的施入量为 5 mg·kg^{-1}时，水稻非根际土 FDA 水解酶的活性随着生物质炭施入量的增加逐渐降低，且下降幅度逐级增加。

2. 生物质炭对土壤蛋白酶活性的影响

对实验处理所得到的水稻根际土及非根际土的蛋白酶活性进行测定计算，得出如图 4.5 所示结果。

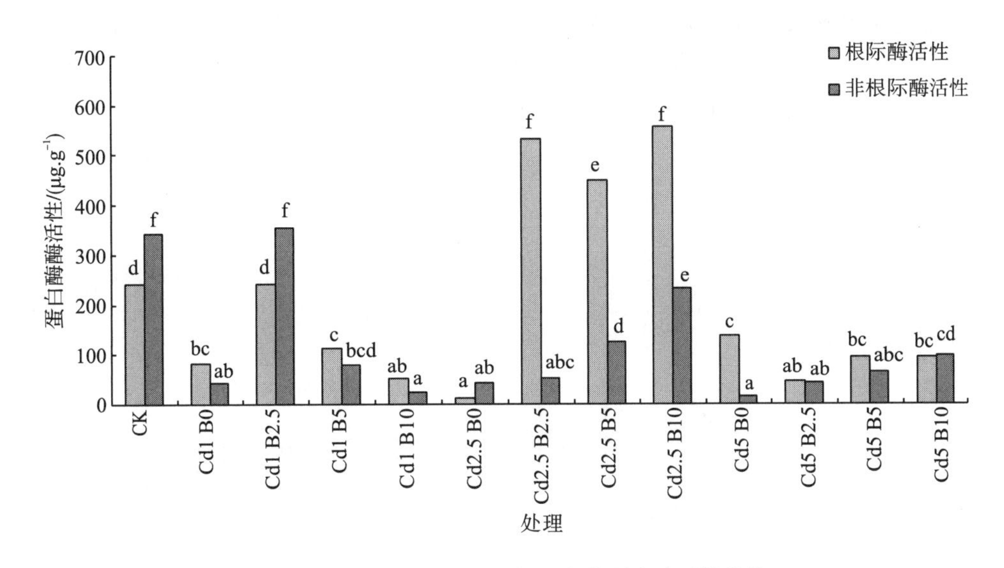

图 4.5　水稻根际土壤及非根际土壤蛋白酶活性比较

由数据对比易得出，不同处理间水稻根际土壤蛋白酶的活性差异十分显著。当土壤中 Cd 的施入量为 1 mg·kg^{-1} 时，水稻根际土壤蛋白酶的活性最高为生物质炭的输入量为 2.5 g·kg^{-1}时，其值为 240.22 μg·g^{-1}，比不加生物质炭、生物质炭施入量为 5 g·kg^{-1} 及 10 g·kg^{-1} 分别高出 66.11%、53.10%及 78.97%。而当土壤中 Cd 施入量为 2.5mg·kg^{-1}时，水稻根际土壤蛋白酶的活性变化梯度显著，最高为生物质炭施入量为 10 g·kg^{-1} 时，其值为 556.981 μg·g^{-1}，当生物质炭施入量为 0 g·kg^{-1}时，该酶的活性为 13.002 μg·g^{-1}。当 Cd 的施入量分别为 5 mg·kg^{-1}和 10 mg·kg^{-1}时，水稻根际土壤蛋白酶的活性分别为 45.323 μg·g^{-1} 和 136.388 μg·g^{-1}。

当土壤中 Cd 的施入量为 1 mg·kg^{-1}时，水稻非根际土壤蛋白酶的活性最高为生物质炭的输入量为 2.5 g·kg^{-1}时，比不加生物质炭时高出 87.88%，比生物质炭施入量为 5 g·kg^{-1}时高出 77.95%，比生物质炭施入量为 10 g·kg^{-1} 时高出 93.49%。当土壤中 Cd 的施入量为 2.5 mg·kg^{-1}及 5 mg·kg^{-1}时，水稻非根际土壤蛋白酶的活性随着生物炭施入量的升高依次递增，最高均为生物质炭的输入量为 10 g·kg^{-1}时。可见，10 g·kg^{-1}的生物质炭施入量对 Cd 污染水稻非根际土壤蛋白酶活性的恢复具有更显著的效果。

3. 生物质炭对土壤纤维素酶活性的影响

对实验处理所得到的水稻根际土壤及非根际土壤的纤维素酶活性进行测定计算，得出如图 4.6 所示结果。

水稻根际土壤纤维素酶活性随着不同量的 Cd 及生物质炭量的施入变化较为显著。当土壤中 Cd 的施入量为 1 mg·kg^{-1} 时，水稻根际土壤纤维素酶的活性最高为生物质炭施入量为 5 g·kg^{-1} 时的 0.907 μg·g^{-1}，比不加生物质炭及生物质炭施入量为 2.5 g·kg^{-1}、10 g·kg^{-1} 时分别增加了 36.49%，34.07%、40.35%。当土壤中 Cd 的施入量为 2.5 mg·kg^{-1} 时，水稻根际土壤纤维素酶的活性最高为生物质炭施入量为 10 g·kg^{-1} 时的 2.079mg·g^{-1}，当不加生物质炭以及生物质炭施入量为 2.5 g·kg^{-1} 及 5 g·kg^{-1} 时，较最高值分别下降 79.60%、64.35%及 79.26%。当土壤中 Cd 的施入量为 5 mg·kg^{-1} 时，水稻根际土壤纤维素酶的活性最高为不加生物质炭时，其值为 0.52 μg·g^{-1}。

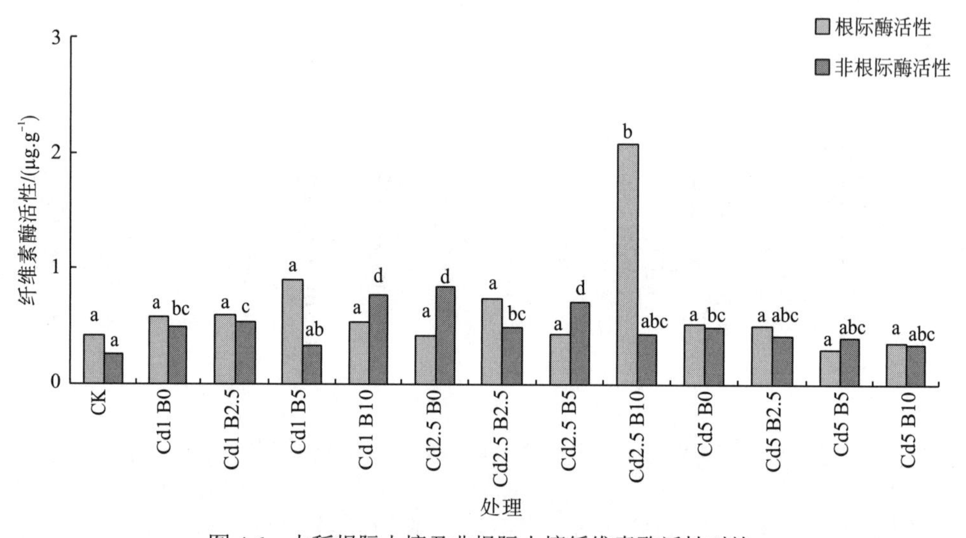

图 4.6 水稻根际土壤及非根际土壤纤维素酶活性对比

当土壤中 Cd 的施入量为 1 mg·kg^{-1} 时，水稻非根际土壤纤维素酶的活性值最高为生物质炭施入量为 5 g·kg^{-1} 时。当土壤中 Cd 的施入量为 2.5 mg·kg^{-1} 时，水稻非根际土壤纤维素酶的活性值最高为不加生物质炭时，其值为 0.851 μg·g^{-1}。而当 Cd 的施入量为 5 mg·kg^{-1} 时，水稻非根际土壤纤维素酶的活性最高亦为不加生物质炭时的 0.496 μg·g^{-1}，比生物质炭施入量为 2.5 g·kg^{-1}、5 g·kg^{-1}、10 g·kg^{-1} 时分别高出 15.12%、18.34%、28.43%。

4.2.2 生物质炭对镉污染水稻根际及非根际土壤氧化还原酶活性的影响

1. 生物质炭对土壤脲酶活性的影响

对实验处理所得到的水稻根际土壤及非根际土壤的脲酶活性进行测定计算，得出如图 4.7 所示结果。

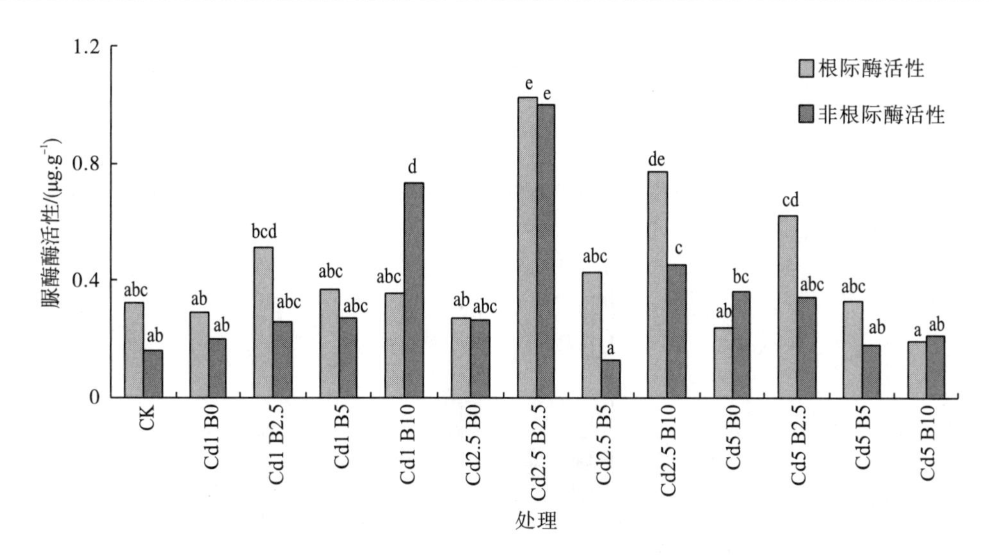

图 4.7　水稻根际土壤及非根际土壤脲酶活性比较

不同处理间水稻根际土壤脲酶的活性变化明显。当土壤中 Cd 的施入量为 1 $mg·kg^{-1}$ 时，水稻根际土壤脲酶的活性最高为生物质炭的施入量为 2.5 $g·kg^{-1}$ 时，比不加生物质炭及生物质炭施入量为 5 $g·kg^{-1}$、10 $g·kg^{-1}$ 时分别高出 42.99%、28.59%、30.35%。当土壤中 Cd 的施入量为 2.5$mg·kg^{-1}$ 时，水稻根际土壤脲酶的活性最高为生物质炭施入量为 2.5 $g·kg^{-1}$ 时，比不加生物质炭时高出 73.12%，比生物质炭施入量为 5 $g·kg^{-1}$ 时高出 58.45%，比生物质炭施入量为 10 $g·kg^{-1}$ 时高出 24.73%。而当土壤中 Cd 的施入量为 5$mg·kg^{-1}$ 时，水稻根际土壤脲酶的活性最高为生物质炭施入量为 2.5 $g·kg^{-1}$ 时，其值为 0.621 $μg·g^{-1}$，可见 2.5 $g·kg^{-1}$ 的生物质炭施入量对水稻根际土壤脲酶的活性恢复具有显著成效。

当土壤中 Cd 的施入量为 1 $mg·kg^{-1}$ 时，水稻非根际土壤脲酶的活性值随着生物质炭施入量的增加逐渐升高，最高为生物质炭的施入量为 10 $g·kg^{-1}$。当土壤中 Cd 的施入量为 2.5 $mg·kg^{-1}$ 时，水稻非根际土壤脲酶的活性最高为生物质炭的施入量为 2.5 $g·kg^{-1}$ 时，其值为 1.002 $μg·g^{-1}$。当土壤中 Cd 的施入量为 5 $mg·kg^{-1}$ 时，水稻非根际土壤脲酶的活性最高为不加生物质炭时，比生物质炭施入量为 2.5 $g·kg^{-1}$ 时高 4.43%，比生物质炭施入量为 5 $g·kg^{-1}$ 高出 49.31%，比生物质炭施入量为 10 $g·kg^{-1}$ 时高出 40.99%。

2. 生物质炭对土壤蔗糖酶活性的影响

对实验处理所得到的水稻根际土壤及非根际土壤的蔗糖酶的活性进行测定计算，得出如图 4.8 所示结果。

由图 4.8 可看出，不同处理间水稻根际土壤蔗糖酶的活性变化梯度明显。当土壤中 Cd 的施入量为 1 $mg·kg^{-1}$ 时，水稻根际土壤蔗糖酶的活性随着生物质炭施入量的增加而递增。当土壤中 Cd 的施入量为 2.5 $mg·kg^{-1}$ 时，水稻根际土壤蔗糖酶活性最高为生物质炭施入量为 2.5 $g·kg^{-1}$ 时的 1.585 $μg·g^{-1}$，比不加生物质炭时高出 79.74%，比生物质炭施入量为 5 $g·kg^{-1}$ 时高出 80.00%，比生物质炭施入量为 10 $g·kg^{-1}$ 时高出 43.97%。当土壤中 Cd 的施入量为 5 $mg·kg^{-1}$ 时，水稻根际土壤蔗糖酶的活性最高为生物质炭施入量为 10 $g·kg^{-1}$ 时，其值为 1.26 mg·kg^{-1}，比生物质炭施入量为 0 g·kg^{-1}、2.5 g·kg^{-1} 及 10 g·kg^{-1} 时分别高出 92.38%、90.24%、91.03%。

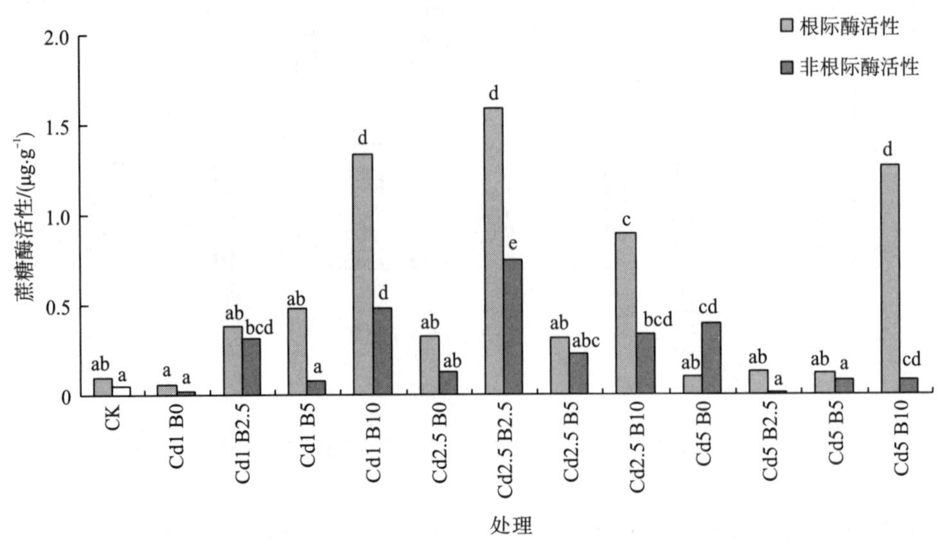

图 4.8 水稻根际土壤及非根际土壤蔗糖酶活性比较

当土壤中 Cd 的施入量为 1 mg·kg^{-1} 时，水稻非根际土壤蔗糖酶的活性最高为生物质炭施入量为 10 g·kg^{-1} 时。当土壤中 Cd 的施入量为 2.5mg·kg^{-1} 时，水稻非根际土壤蔗糖酶的活性最高为生物质炭施入量为 2.5 g·kg^{-1} 时，其值为 0.748 μg·g^{-1}。当土壤中 Cd 的施入量为 5mg·kg^{-1} 时，水稻非根际土壤蔗糖酶的活性最高为不加生物质炭时。

3. 生物质炭对土壤过氧化氢酶活性的影响

对实验处理所得到的水稻根际土及非根际土的过氧化氢酶的活性进行测定计算，得到如图 4.9 所示结果。

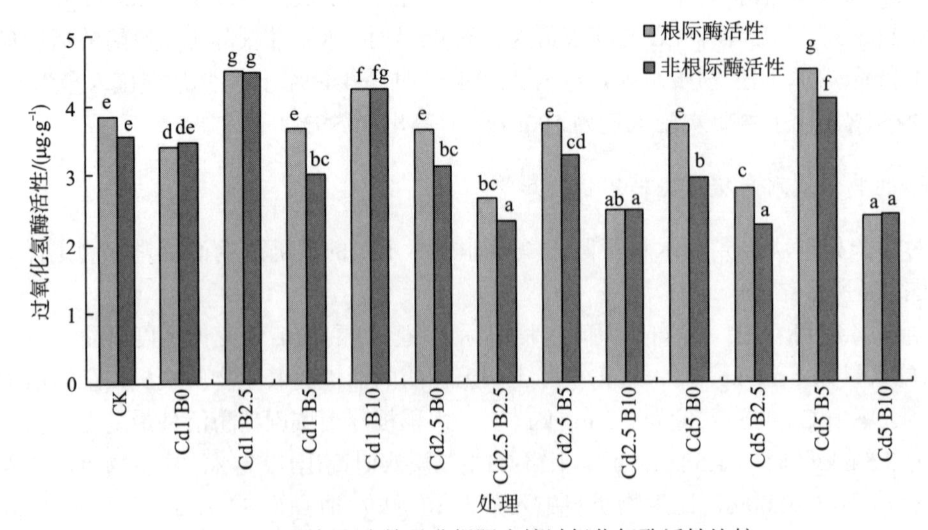

图 4.9 水稻根际土壤及非根际土壤过氧化氢酶活性比较

由图 4.9 可以得出，不同处理间水稻根际土壤过氧化氢酶的活性变化幅度相对较小。当土壤中 Cd 的施入量为 1 mg·kg^{-1} 时，水稻根际土壤蔗糖酶的活性最高为生物质炭施入量为 2.5 g·kg^{-1} 时，其值为 4.496 μg·g^{-1}。当土壤中 Cd 的施入量为 2.5 mg·kg^{-1} 时，水稻根际土壤蔗糖酶的活性最高为生物质炭施入量为 5 g·kg^{-1} 时的 3.731 μg·g^{-1}，比生物质炭含量为 0、生物质炭施入量为 2.5 g·kg^{-1} 及生物质炭施入量为 10 g·kg^{-1} 时分别高出 2.7%、28.76%、33.64%。当土壤中 Cd 的施入量为 5 mg·kg^{-1} 时，水稻根际土壤蔗糖酶的活性值最高亦为生物质炭施入量为 5 g·kg^{-1} 时，其值为 4.485 μg·g^{-1}，比不加生物质炭、生物质炭施入量为 2.5 g·kg^{-1} 及生物质炭施入量为 10 g·kg^{-1} 时分别高出 17.46%、38.01%、46.46%。

当土壤中 Cd 的施入量为 1 mg·kg^{-1} 时，水稻非根际土壤过氧化氢酶的活性最高为生物质炭施入量为 2.5 g·kg^{-1} 时。当土壤中 Cd 的施入量为 2.5 mg·kg^{-1} 及 5 mg·kg^{-1} 时，水稻非根际土壤过氧化氢酶的活性最高均为生物质炭施入量为 5 g·kg^{-1} 时。

4.2.3　生物质炭对镉污染水稻根际及非根际土壤综合酶活性的影响

1. 生物质炭对土壤碳循环综合酶活性的影响

对不同处理下的水稻根际土壤及非根际土壤碳循环相关的酶活性求几何平均数(geametric mean)，作为衡量水稻根际及非根际土壤碳循环综合酶活性的指标，其计算结果如表 4.3 所示，由表 4.3 可以直观看出，水稻根际土壤与碳循环相关的综合酶活性值普遍高于水稻非根际土壤综合酶活性值。从处理 CK 到处理 Cd5B10，水稻根际土壤碳循环综合酶活性值与非根际土壤碳循环综合酶活性值的差值分别是 2.252 μg·g^{-1}、2.431 μg·g^{-1}、2.071 μg·g^{-1}、3.372 μg·g^{-1}、1.288 μg·g^{-1}、0.647 μg·g^{-1}、4.073 μg·g^{-1}、4.117 μg·g^{-1}、10.880 μg·g^{-1}、2.474 μg·g^{-1}、1.083 μg·g^{-1}、2.280 μg·g^{-1}、2.356 μg·g^{-1}。差异最大的为 Cd 的施入量为 2.5mg·kg^{-1}、生物质炭的施入量为 10 g·kg^{-1} 时，其值为 10.880 μg·g^{-1}。

表 4.3　水稻根际及非根际土壤碳循环综合酶活性　（单位：μg·g^{-1}）

处理	根际	非根际	差值	处理	根际	非根际	差值
CK	3.838	1.586	2.252	Cd2.5 B5	5.828	1.711	4.117
Cd1 B0	3.549	1.117	2.432	Cd2.5 B10	12.029	1.149	10.880
Cd1 B2.5	3.663	1.592	2.071	Cd5 B0	3.303	0.829	2.474
Cd1 B5	3.914	0.542	3.372	Cd5 B2.5	2.607	1.524	1.083
Cd1 B10	2.781	1.493	1.288	Cd5 B5	3.263	0.983	2.280
Cd2.5 B0	1.388	0.741	0.647	Cd5 B10	3.669	1.313	2.356
Cd2.5 B2.5	5.786	1.713	4.073				

2. 生物质炭对土壤氧化还原综合酶活性的影响

对不同处理下的水稻根际土壤及非根际土壤氧化还原酶活性求几何平均数，作为衡量水稻根际及非根际土壤氧化还原综合酶活性的指标，其计算结果如表 4.4 所示。由表 4.4 可以看出，水稻根际土氧化还原综合酶活性值与非根际土壤的氧化还原综合酶活性值差异明显，从处理 CK 到处理 Cd5B10，水稻根际土壤氧化还原综合酶活性值与非根际土壤氧化还原综合酶活性值差值分别为 0.197 $\mu g \cdot g^{-1}$、0.151 $\mu g \cdot g^{-1}$、0.247 $\mu g \cdot g^{-1}$、0.454 $\mu g \cdot g^{-1}$、0.123 $\mu g \cdot g^{-1}$、0.217 $\mu g \cdot g^{-1}$、0.426 $\mu g \cdot g^{-1}$、0.341 $\mu g \cdot g^{-1}$、0.471 $\mu g \cdot g^{-1}$、−0.307 $\mu g \cdot g^{-1}$、0.429 $\mu g \cdot g^{-1}$、0.167 $\mu g \cdot g^{-1}$、0.498 $\mu g \cdot g^{-1}$。差异值最大为 Cd 的施入量为 5 $mg \cdot kg^{-1}$、生物质炭施入量为 10 $g \cdot kg^{-1}$ 时，其值为 0.498 $\mu g \cdot g^{-1}$。Cd 的添加量为 5 $mg \cdot kg^{-1}$，生物质炭的施入量为 0 $g \cdot kg^{-1}$ 时，其差异出现负值。

表 4.4　水稻根际土壤及非根际土壤氧化还原酶的综合酶活性　(单位：$\mu g \cdot g^{-1}$)

处理	根际	非根际	差值	处理	根际	非根际	差值
CK	0.493	0.296	0.197	Cd2.5 B5	0.795	0.454	0.341
Cd1 B0	0.387	0.236	0.151	Cd2.5 B10	1.192	0.721	0.471
Cd1 B2.5	0.959	0.712	0.247	Cd5 B0	0.439	0.745	−0.306
Cd1 B5	0.863	0.409	0.454	Cd5 B2.5	0.597	0.167	0.430
Cd1 B10	1.263	1.140	0.123	Cd5 B5	0.553	0.386	0.167
Cd2.5 B0	0.684	0.467	0.217	Cd5 B10	0.839	0.341	0.498
Cd2.5 B2.5	1.627	1.201	0.426				

3. 生物质炭对土壤综合酶活性的影响

对不同处理下的水稻根际土壤及非根际土壤各种酶活性求几何平均数，作为衡量水稻根际及非根际土壤的综合酶活性指标，其计算结果如表 4.5 所示。由表 4.5 可以看出，水稻根际土壤综合酶活性值与非根际土壤间差异显著，从处理 CK 到处理 Cd5B10，水稻根际土壤氧化还原综合酶活性值与非根际土壤氧化还原综合酶活性值差值分别为 0.690 $\mu g \cdot g^{-1}$、0.658 $\mu g \cdot g^{-1}$、0.809 $\mu g \cdot g^{-1}$、1.367 $\mu g \cdot g^{-1}$、0.569 $\mu g \cdot g^{-1}$、0.387 $\mu g \cdot g^{-1}$、1.634 $\mu g \cdot g^{-1}$、1.271 $\mu g \cdot g^{-1}$、2.876 $\mu g \cdot g^{-1}$、0.418 $\mu g \cdot g^{-1}$、0.742 $\mu g \cdot g^{-1}$、0.727 $\mu g \cdot g^{-1}$、1.085 $\mu g \cdot g^{-1}$。差异最大为 Cd 的施入量为 2.5 $mg \cdot kg^{-1}$、生物质炭的施入量为 10 $g \cdot kg^{-1}$ 时，其差值为 2.876 $\mu g \cdot g^{-1}$。

表 4.5　水稻根际及非根际土壤综合酶活性值　(单位：$\mu g \cdot g^{-1}$)

处理	根际	非根际	差值	处理	根际	非根际	差值
CK	1.376	0.686	0.690	Cd2.5 B5	2.153	0.882	1.271
Cd1 B0	1.172	0.514	0.658	Cd2.5 B10	3.786	0.910	2.876
Cd1 B2.5	1.874	1.065	0.809	Cd5 B0	1.204	0.786	0.418
Cd1 B5	1.838	0.471	1.367	Cd5 B2.5	1.247	0.505	0.742
Cd1 B10	1.874	1.305	0.569	Cd5 B5	1.343	0.616	0.727
Cd2.5 B0	0.975	0.588	0.387	Cd5 B10	1.754	0.669	1.085
Cd2.5 B2.5	3.069	1.435	1.634				

4.3 讨　论

4.3.1 生物质炭对重金属污染土壤酶活性的修复效应

重金属对土壤酶活性的影响受多种因素的制约，比较常见的有土壤类型、重金属种类、重金属的浓度以及土壤酶的种类，由以上数据分析结果可以得知，当土壤受 Cd 的污染程度一致时，不同类别的酶随着生物质炭的不同量的添加，其活性有着不同的变化趋势。这可能是因为生物质炭的强吸附作用导致生物质炭对土壤酶活性的影响变得较为复杂。一方面，生物质炭对反应底物的吸附有助于酶促反应的进行而提高土壤团聚体的酶活性，另一方面，生物质炭对酶分子的吸附对酶促反应结合位点形成保护，而阻止酶促反应的进行(杨海征 等，2009；黄剑，2013)。Beesley 等(2010)向高 Cd、Cu 含量的土壤中添加生物质炭 60d 后，土壤毛细管水中这两种重金属的浓度显著降低；Khoddadad 等(2011)研究认为，土壤中施加 Cd 可使微生物群落发生改变，从而引起土壤酶活性的变化。这是因为生物质炭的施入可以显著改变土壤中 Cd 的形态和迁移行为，降低土壤中 Cd 的可提取态含量，故而降低重金属的生物有效性，对重金属表现出很好的固持效应。本书研究表明，外源有机物料中生物质炭向土壤中的施入对 Cd 污染土壤的酶活性产生一定影响，其中对其响应最为敏感的酶为 FDA 水解酶。当生物质炭施入量为 2.5 $g·kg^{-1}$时，FDA 水解酶活性从不加 Cd 的 0.0168 $μg·kg^{-1}$ 上升到 0.1570 $μg·kg^{-1}$；这大致是因为土壤中的荧光素二乙酸酯(FDA)通常能被许多酶如酯酶、蛋白酶、脂肪酶等所水解(Major et al.，2010；黄占斌 等，2010)所致。

土壤中施入 Cd 对土壤酶活性存在着显著的影响，其中以脲酶、磷酸酶等氧化还原酶类的反应最为敏感，蔗糖酶次之，且其影响以抑制作用为主。脲酶对尿素具有较强专性，其活性反映土壤无机氮的供应能力；磷酸酶能加速有机磷的脱磷速度，提高土壤磷素有效性，其活性是评价土壤磷素生物转化方向与强度的指标(陈怀满，2008；Taketani and Tsai，2010；周桂玉 等，2011；刘中良和宇万太，2011)。本书的实验结果可以证明，通常采用脲酶的活性变化情况作为评价土壤是否受 Cd 污染是合理的，但是，在土壤中 Cd 的含量为 5$mg·kg^{-1}$ 时，磷酸酶的变化幅度较脲酶更为明显。同时也有相关研究证明((陈怀满，2008；张千丰和王光华，2012)土壤氧化还原类酶活性的提高，有助于土壤腐殖质的积累，从而从根本上提高土壤肥力。

由于生物质炭独特的理化性质，向土壤中施入生物质炭可以加速土壤中生物化学反应的活跃程度、土壤微生物的活性以及养分物质的循环状况(张千丰和王光华，2012)，进而改变土壤酶的活性。孟令军等(2012)研究发现通常土壤中生物质炭的施入量为 5～10 $g·kg^{-1}$时，土壤呼吸及土壤微生物量与生物质炭量呈线性关系，而本书通过实验证明，当生物质炭的施入量为 2.5 $g·kg^{-1}$，对 Cd 污染土壤各类酶综合指数的影响均较明显，这可能是正常土壤与外加 Cd 处理下的土壤区别所致。本书研究证明外加 Cd 处理下，2.5 $g·kg^{-1}$ 的生物质炭施入量提高了土壤酶活性综合指数，比其他两种处理分别提高了 18.68%及

40.26%。可见该用量的生物质炭对 Cd 污染土壤酶活性的恢复具有更加深入的研究意义。本书通过研究不同量的生物质炭和重金属 Cd 共同作用下水稻根际及非根际土壤碳循环酶及氧化还原酶活性的变化，得出当生物质炭的施入量为 10 $g{\cdot}kg^{-1}$ 时，不同量的 Cd 添加时，水稻根际及非根际土壤的酶活性均高于其他处理，这表明 10 $g{\cdot}kg^{-1}$ 的生物质炭施入量对不同浓度 Cd 污染下的土壤酶活性均具有更好的恢复效果。

4.3.2 植物根际土壤与非根际土壤酶活性的差异性探究

植物根系的根系分泌物及细胞组织脱落物为根系微生物提供了丰富的营养和能量，这就使得水稻根际土壤酶活性通常高于非根际土壤。土壤各种酶的积累是土壤微生物、土壤动物和植物根系生命活动共同作用的结果，作物可以直接或间接地影响土壤酶含量。前人研究表明，根际土壤磷酸酶、蔗糖酶、脲酶、过氧化氢酶、水解酶的活性较非根际土壤均有增强(张千丰 等，2012)。

孟令军等(2012)通过对鹿蹄草根际及非根际土壤酶活性进行测量得知，其根际土壤脲酶、转化酶、过氧化氢酶、酸性磷酸酶活性值比非根际土壤分别高出 32.04%、22.40%、30.57%、8.17%。陶波等(2007)向种植有大豆的土壤中施入生物质炭后，经测定表明，各个生长时期大豆根际土壤酶活性均高于非根际。这与本书中水稻根际土壤酶活性普遍高于非根际土壤酶活性的事实相一致，这是因为相比于非根际土壤，根系分泌的可溶性有机物质与土壤中的 Cd 离子产生络合作用，导致根际土壤中 Cd 较难解吸(陶波 等，2007)，从而有效降低重金属对土壤的危害，促进根际土壤中微生物的繁殖和生长，增加作物体内酶的分泌和形成，最终显著提高作物根际土壤酶的活性。本书通过对土壤碳循环酶及土壤氧化还原酶分别求取几何平均数作为衡量土壤中碳循环类酶及氧化还原类酶活性的指标。结果表明不同处理下的水稻根际及非根际土壤碳循环酶活性差值平均数为 3.0249，显著高于不同处理下水稻根际及非根际土壤氧化还原酶活性差值平均数 0.2626。可见在不同量生物质炭及重金属 Cd 的处理下，水稻根际土壤碳循环酶的活性值有大幅提高。这与何绪生等(2011)在水稻土中施入有机肥显著提高土壤中纤维素酶及 FDA 水解酶等土壤碳循环酶活性的结论相吻合。水稻根际土壤碳循环类酶活性的大幅提高可能是因为生物质炭的施入显著提高了土壤中的有机质及活性碳含量，从而为纤维素酶及 FDA 水解酶等参与土壤碳循环的主要酶类的酶促反应提供了大量易利用的底物，从根本上激发了水稻根际土壤碳循环类酶的活性。而土壤氧化还原类酶的活性值涨幅较小，这是因为 Cd 的添加很大程度上抑制了对重金属污染响应较为灵敏的氧化还原类土壤酶。但由于有机肥对土壤酶活性的影响因素较为复杂，土壤酶活性的变化可能还与土壤中其他物质的影响有关，对此仍需进一步探究。同时，不同类别的作物种植对根际土壤酶活性具有很大程度的影响，形成这种差异的原因可能与不同种类的作物其根际土壤微生物活性以及根系分泌物的组成不同有关。有一些研究表明土壤蛋白酶、脲酶的活性与土层深度有关(张伟 等，2012；孟令军 等，2012)，本书研究采用盆栽方法对水稻根际及非根际土壤酶活性进行研究，所取的根际与非根际土壤深度一致，但与田间试验结果是否一致，水稻根际土壤与非根际土壤中蛋白酶与脲酶的活性值与土壤样深度是否相关仍有待进一步探究验证。

4.4 结　论

(1) 向土壤中施入生物质炭对 Cd 污染土壤的酶活性会产生一定的影响，其中对其响应较为敏感的有 FDA 水解酶及蛋白酶；土壤中外源镉的添加对土壤酶活性存在着显著抑制作用，其中以脲酶、磷酸酶等氧化还原酶类的反应最为敏感。

(2) 土壤中 Cd 的含量为 5 $mg\cdot kg^{-1}$ 时，在外源生物质炭输入下，磷酸酶的变化幅度较脲酶更为明显，证明在此情况下磷酸酶对土壤重金属污染的响应比普遍认为的脲酶更加敏感。

(3) 碳循环酶、氧化还原酶及土壤质量的综合酶活性指标最高均为生物质炭用量为 2.5 $g\cdot kg^{-1}$ 时，这表明施入 2.5 $g\cdot kg^{-1}$ 的生物质炭可对镉污染土壤中酶活性起到恢复作用。

(4) 生物质炭的施入对土壤重金属污染的水稻根际土壤及非根际土壤均有显著的修复效应，当生物质炭施入量为 10 $g\cdot kg^{-1}$，添加不同量的 Cd，水稻根际及非根际土壤的酶活性均高于其他处理。

(5) 外加 Cd 处理下水稻根际土壤的碳循环酶综合活性显著高于氧化还原酶综合活性值。

(6) 水稻根际土壤碳循环综合酶活性指数随着生物质炭量的增加总体上升；而根际土壤氧化还原综合酶活性指数则呈现先降后升的规律。

参 考 文 献

陈怀满，2008. 土壤-植物系统中的重金属污染. 北京：科学出版社：17-25.

何绪生，耿曾超，余雕，等，2011. 生物炭生产与农用的意义及国内外动态. 农业工程学报，27(2)：1-5.

黄剑，2013. 生物质炭对土壤微生物量及土壤酶的影响研究. 北京：中国农业科学院.

黄占斌，张彤，彭丽成，等，2010. 重金属 Pb、Cd 污染对土壤酶活性的影响. 中国环境科学学会学术年会论文集：3824-3828.

刘中良，宇万太，2011. 土壤团聚体中有机碳研究进展. 中国生态农业学报，19(2)：447-455.

孟令军，更增超，王海涛，等，2012. 秦岭太白山区鹿蹄草根际与非根际土壤养分及酶活性研究. 西北农业科技大学学报(自然科学版)，5(5)：36-39.

陶波，刘贤进，余向阳，等，2007. 土壤中黑碳对农药敌草隆的吸附-解吸迟滞行为研究. 土壤学报，44(4)：650-655.

杨海征，胡红青，黄巧云，等，2009. 堆肥对重金属污染土壤 Cu、Cd 形态变化的影响. 环境科学学报，29(9)：1842-1848.

张千丰，王光华，2012. 生物炭理化性质及对土壤改良效果的研究进展. 土壤与作物，1(4)：219-226.

周桂玉，窦森，刘世杰，2011. 生物质炭结构性质及其对土壤有效养分和腐殖质组成的影响. 农业环境科学学报，30(10)：2075-2080.

Beesley L, Moreno-Jimenez E, Gomez-Eyles J L, et al., 2010. Effects of biochar and green waste compost amendments on mobility, bioavailability and toxicity of inorganic and organic contaminants in a multi-element polluted soil. Environmental Pollution, 158(6)：2282-2287.

Khoddadad C L M, Zimmerman A R, Green S J, et al., 2011. Taxa-specific changes in soil microbial community composition induced by pyrogenic carbon amendments. Soil Biology and Biochemistry, 43(2): 385-392.

Major J, Rondon M, Molina D, et al., 2010. Maize yield and nutrition during 4 years after biochar application to a Colombian savanna oxisol. Plant and Soil, 333(1-2): 117-128.

Taketani R G, Tsai S M, 2010. The influence of different land uses on the structure of archaeal communities in Amazonian Anthrosols based on 16S rRNA and amoA genes. Microbial Ecology, 59: 734-743.

第5章　生物质炭对土壤团聚体酶活性的影响

5.1　生物质炭对镉污染土壤团聚体碳循环酶活性的影响

5.1.1　生物质炭对土壤团聚体FDA水解酶活性的影响

通过测量计算实验处理下的水稻根际及非根际土壤在不同粒径的团聚体中FDA水解酶的活性变化，得到如图5.1所示结果。

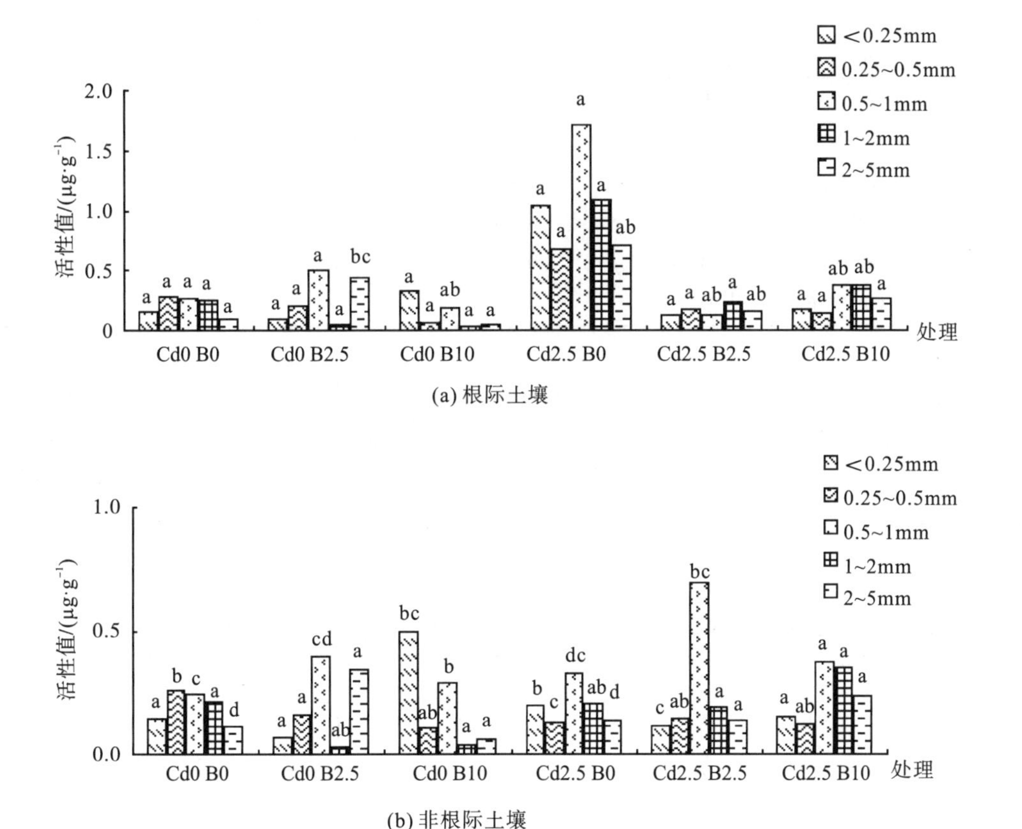

图5.1　不同处理下水稻根际土壤及非根际土壤各个粒径团聚体的FDA水解酶活性变化

注：不同处理间字母不同表示差异达显著水平($P<0.05$)，后同。

从表5.1中的数据可以明显看出，在土壤不受镉(Cd)污染时，随着不同量生物质炭的输入，水稻根际土壤各个粒径团聚体中 FDA 水解酶活性比率随着粒径的增大有先升后降的规律，当生物质炭的施入量为 0 $g·kg^{-1}$ 时，该酶活性比率最高为粒径为 0.25～0.5mm，而当生物质炭的施入量为 2.5 $g·kg^{-1}$ 及 10 $g·kg^{-1}$ 时，该酶活性比率最高均为团聚体粒径为 0.5～1mm 时。而当土壤中 Cd 的添加量为 2.5 $mg·kg^{-1}$ 时，各个粒径团聚体中 FDA 水解酶的比率随着粒径的增大亦有先升后降的规律，随着不同量生物质炭的施入，该酶活性比率最高均为中间粒径即 0.5～1mm。当土壤受 Cd 的粒径污染时，在不同量的生物质炭施入下，水稻土壤非根际 FDA 水解酶的活性比率最大均为 0.5～1mm 粒径。

表 5.1 不同处理下水稻根际及非根际土壤各个粒径团聚体 FDA 水解酶活性的比率

分类	处理	<0.25mm	0.25～0.5mm	0.5～1mm	1～2mm	2～5mm
根际	Cd0B0	0.144	0.262	0.243	0.215	0.114
	Cd0B2.5	0.071	0.158	0.393	0.034	0.343
	Cd0B10	0.500	0.103	0.292	0.040	0.065
	Cd2.5B0	0.200	0.129	0.329	0.207	0.136
	Cd2.5B2.5	0.112	0.146	0.691	0.193	0.135
	Cd2.5B10	0.155	0.122	0.375	0.352	0.236
非根际	Cd0B0	0.147	0.268	0.248	0.220	0.116
	Cd0B2.5	0.093	0.050	0.452	0.039	0.366
	Cd0B10	0.523	0.084	0.306	0.038	0.048
	Cd2.5B0	0.219	0.104	0.321	0.208	0.148
	Cd2.5B2.5	0.088	0.114	0.541	0.151	0.106
	Cd2.5B10	0.125	0.098	0.302	0.284	0.190

由表 5.2 的数据可以得出，Cd2.5B0 处理下的水稻根际土壤不同粒径的团聚体 FDA 水解酶活性的贡献率均显著高于其他处理，其贡献率最大值为 0.5～1mm 粒径的 3.546，而其他处理下的贡献率均小于 1。同水稻土壤根际土各个粒径团聚体 FDA 水解酶的贡献率相似，非根际土壤中该酶的贡献率最高仍为 Cd2.5B0 处理，其中 0.5～1mm 的粒径贡献率为原土的 2.070 倍。

表 5.2 不同处理下水稻根际及非根际土壤各个粒径团聚体 FDA 水解酶活性的贡献率

分类	处理	<0.25mm	0.25～0.5mm	0.5～1mm	1～2mm	2～5mm
根际	Cd0B0	0.290	0.520	0.476	0.451	0.161
	Cd2.5B0	2.155	1.388	3.546	2.229	1.468
	Cd2.5B2.5	0.173	0.243	0.172	0.324	0.224
	Cd2.5B10	0.370	0.290	0.813	0.806	0.561
非根际	Cd0B0	0.558	1.016	0.942	0.833	0.442
	Cd2.5B0	1.414	0.673	2.070	1.341	0.953
	Cd2.5B2.5	0.153	0.199	0.944	0.264	0.184
	Cd2.5B10	0.333	0.262	0.806	0.757	0.508

5.1.2　生物质炭对土壤团聚体蛋白酶活性的影响

分析图 5.2 可知，在 Cd0B0 的处理下，水稻根际土壤各个粒径团聚体的蛋白酶活性变化显著，其活性为 55.8～100.3 $\mu g \cdot g^{-1}$；在水稻土壤不受 Cd 污染时，随着生物质炭量的增加，其活性随着团聚体粒径的增大呈现出逐渐增大的规律。而在土壤受 Cd 污染时，在生物质炭的施入量为 0 $g \cdot kg^{-1}$ 时，该酶活性随着团聚体粒径的增大逐渐降低。而在生物质炭的施入量为 2.5 $g \cdot kg^{-1}$ 及 10 $g \cdot kg^{-1}$ 时，水稻根际土壤各个粒径团聚体的蛋白酶活性最大均为中间粒径，即 0.5～1mm 时。而水稻非根际土壤各个粒径团聚体的蛋白酶活性变化趋势与根际土壤蛋白酶活性趋势相一致，只是在活性值上有所降低，这是因为非根际土壤团聚体微域环境的根系分泌物远远少于根际。

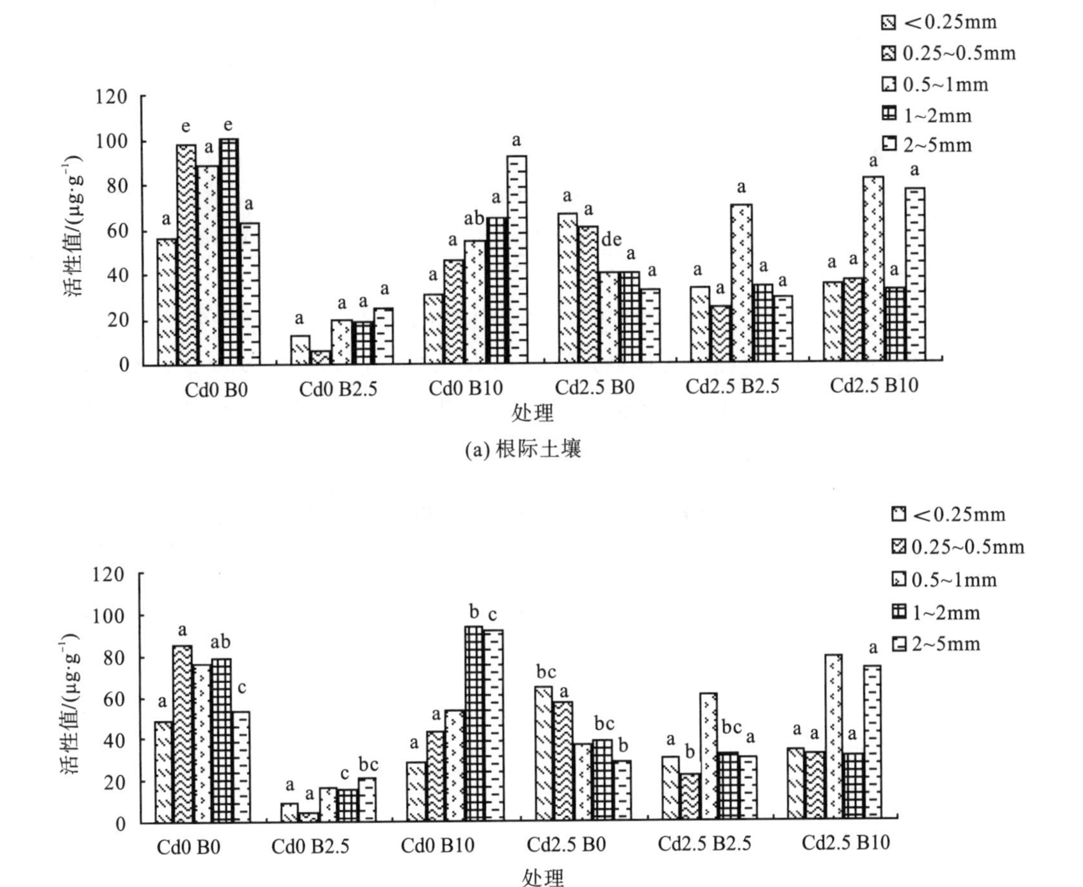

(a) 根际土壤

(b) 非根际土壤

图 5.2　不同处理下水稻根际土壤及非根际土壤各个粒径团聚体的蛋白酶活性变化

由表 5.3 的数据可以得出，在土壤不受 Cd 污染时，水稻根际土壤各个粒径团聚体蛋白酶的活性比率有向大颗粒聚集的趋势，在生物质炭的施入量分别为 0 $g \cdot kg^{-1}$、2.5 $g \cdot kg^{-1}$、

10 g·kg^{-1}时，比率最大的粒径分别为1～2mm、2～5mm及2～5mm时。而当Cd的施入量为2.5 mg·kg^{-1}时，在不加生物质炭的情况下，<0.25mm的粒径在总体中所占的比例最大，而随着生物质炭的输入，占比最大为0.5～1mm粒径。水稻非根际土壤各个粒径团聚体蛋白酶活性的比率在不同处理中，其变化规律与根际土壤的相同。

表5.3 不同处理下水稻非根际土壤各个粒径团聚体蛋白酶活性的比率

分类	处理	<0.25mm	0.25～0.5mm	0.5～1mm	1～2mm	2～5mm
根际	Cd0B0	0.137	0.242	0.218	0.247	0.155
	Cd0B2.5	0.156	0.072	0.243	0.228	0.301
	Cd0B10	0.106	0.161	0.190	0.224	0.320
	Cd2.5B0	0.277	0.253	0.166	0.169	0.136
	Cd2.5B2.5	0.137	0.129	0.367	0.181	0.151
	Cd2.5B10	0.133	0.140	0.312	0.123	0.292
非根际	Cd0B0	0.142	0.250	0.223	0.231	0.155
	Cd0B2.5	0.138	0.065	0.246	0.235	0.316
	Cd0B10	0.091	0.138	0.171	0.302	0.297
	Cd2.5B0	0.287	0.254	0.163	0.171	0.125
	Cd2.5B2.5	0.170	0.128	0.347	0.185	0.170
	Cd2.5B10	0.137	0.129	0.316	0.124	0.294

分析表5.4可知，在Cd2.5B0处理下，水稻土壤根际土各个粒径的团聚体其蛋白酶活性对于原土的贡献率均显著高于其他处理，最高为<0.25mm粒径，其贡献率为5.084，Cd0B0处理中的贡献率仅次于Cd2.5B0处理。而非根际土壤各个粒径的团聚体其蛋白酶活性对于原土的贡献率与根际土壤的规律差异不大。

表5.4 不同处理下水稻非根际土壤各个粒径团聚体蛋白酶活性的贡献率

分类	处理	<0.25mm	0.25～0.5mm	0.5～1mm	1～2mm	2～5mm
根际	Cd0B0	0.232	0.408	0.369	0.417	0.262
	Cd2.5B0	5.084	4.645	3.053	3.107	2.492
	Cd2.5B2.5	0.062	0.046	0.131	0.065	0.054
	Cd2.5B10	0.063	0.066	0.147	0.058	0.138
非根际	Cd0B0	0.142	0.249	0.222	0.231	0.155
	Cd2.5B0	1.479	1.311	0.838	0.884	0.645
	Cd2.5B2.5	0.562	0.421	1.144	0.609	0.562
	Cd2.5B10	0.147	0.139	0.340	0.133	0.315

5.1.3 生物质炭对土壤团聚体纤维素酶活性的影响

分析图5.3可知，在Cd0B0处理中，水稻根际土壤的团聚体纤维素酶活性最大为中间粒径，且其酶活性为 1.75 $\mu g \cdot g^{-1}$。在不施入 Cd 时，随着生物质炭的施入量的增加，水稻根际土壤的团聚体纤维素酶活性随着团聚体粒径的增大而缓缓上升。在土壤受 Cd 污染时，该酶的活性随着团聚体粒径的增大亦呈现出逐渐上升的规律，这说明水稻根际土壤团聚体纤维素酶活性主要集中分布于大颗粒中。而非根际土壤团聚体纤维素酶活性规律与根际土壤的相类似。

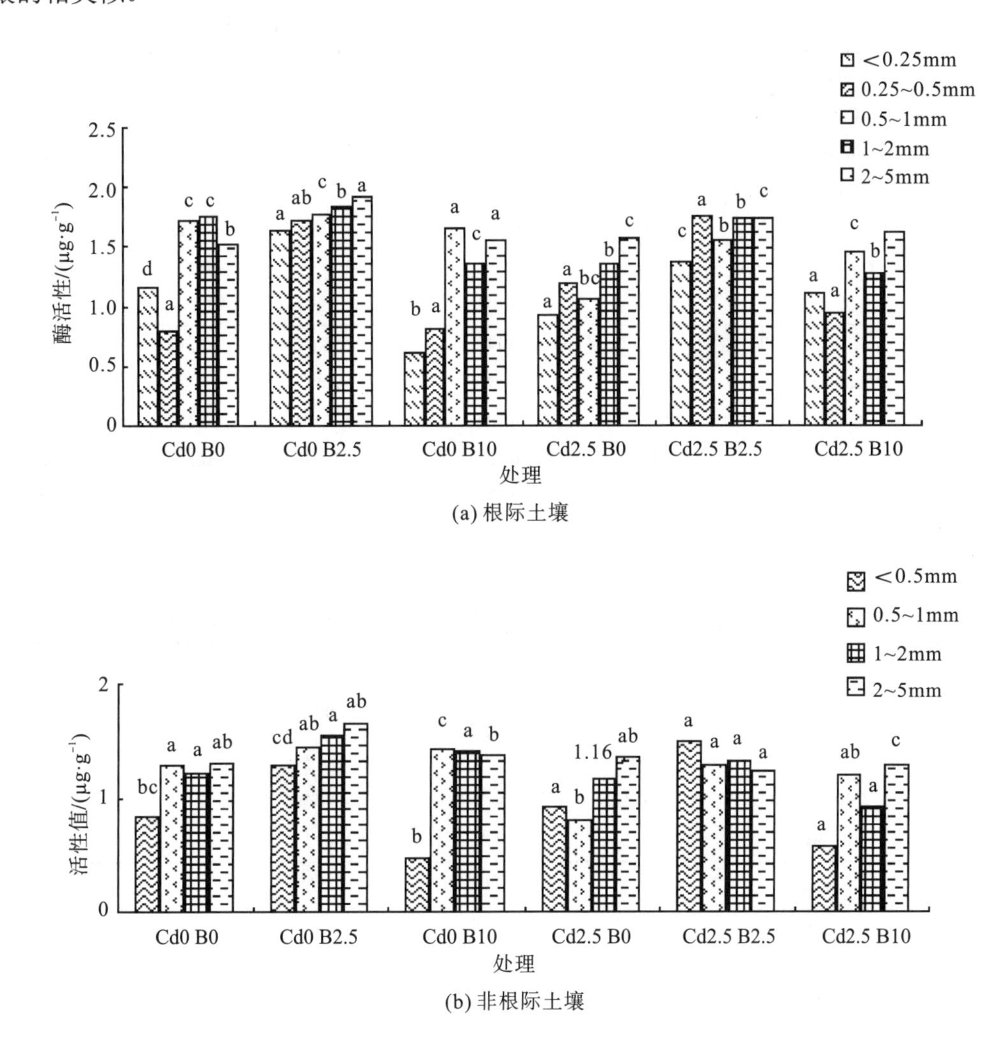

(a) 根际土壤

(b) 非根际土壤

图 5.3　不同处理下水稻根际土壤及非根际土壤各个粒径团聚体的纤维素酶活性变化

从表 5.5 可以直观看出，在土壤不受 Cd 污染时，在不同量的生物质炭施入时，大粒径的水稻根际土团聚体纤维素酶活性均普遍高于小粒径的；而在水稻土受 Cd 污染时，当生物质炭的施入量为 0 $g \cdot kg^{-1}$ 及 10 $g \cdot kg^{-1}$ 时，粒径为 2～5mm 的团聚体酶活性的比率最大，分别占总量的 0.257 及 0.253，而当生物质炭的施入量为 2.5 $g \cdot kg^{-1}$ 时，其比率最大为团聚体粒径为 1～2mm 时。非根际土壤团聚体纤维素酶活性的比率变化规律同根际土大体相似，只有在 Cd2.5B10 处理下，其比率最大为<0.25mm 粒径时。

由表 5.6 可以看出，根际土壤 Cd0B0 处理即原土的贡献率显著高于其他处理，当团聚体粒径为 1～2mm 时，该处理下纤维素酶活性的贡献率为 4.079，而当土壤受 Cd 污染时，随着生物质炭的施入，其贡献率整体上有所下降。而非根际土壤同根际土壤团聚体纤维素酶的贡献率变化规律差异不大。

表 5.5 不同处理下水稻非根际土壤各个粒径团聚体纤维素酶活性的比率

分类	处理	<0.25mm	0.25～0.5mm	0.5～1mm	1～2mm	2～5mm
根际	Cd0B0	0.167	0.114	0.248	0.252	0.219
	Cd0B2.5	0.184	0.194	0.199	0.207	0.216
	Cd0B10	0.103	0.135	0.275	0.227	0.256
	Cd2.5B0	0.151	0.195	0.174	0.223	0.257
	Cd2.5B2.5	0.168	0.214	0.190	0.215	0.213
	Cd2.5B10	0.173	0.148	0.226	0.200	0.253
非根际	Cd0B0	0.167	0.149	0.232	0.217	0.235
	Cd0B2.5	0.185	0.176	0.200	0.212	0.227
	Cd0B10	0.077	0.093	0.283	0.277	0.271
	Cd2.5B0	0.137	0.188	0.163	0.237	0.276
	Cd2.5B2.5	0.176	0.230	0.199	0.205	0.191
	Cd2.5B10	0.280	0.103	0.217	0.168	0.231

表 5.6 不同处理下水稻非根际土壤各个粒径团聚体纤维素酶活性的贡献率

分类	处理	<0.25mm	0.25～0.5mm	0.5～1mm	1～2mm	2～5mm
根际	Cd0B0	2.704	1.841	4.009	4.079	3.543
	Cd2.5B0	2.170	2.807	2.500	3.208	3.703
	Cd2.5B2.5	1.849	2.362	2.092	2.375	2.348
	Cd2.5B10	0.534	0.457	0.697	0.616	0.779
非根际	Cd0B0	3.457	3.086	4.796	4.498	4.870
	Cd2.5B0	0.787	1.081	0.940	1.363	1.586
	Cd2.5B2.5	2.285	2.986	2.585	2.665	2.485
	Cd2.5B10	3.563	1.310	2.759	2.138	2.943

5.2 生物质炭对镉污染土壤团聚体氧化还原酶活性的影响

5.2.1 生物质炭对土壤团聚体脲酶活性的影响

从图 5.4 可以看出，当土壤不受 Cd 污染，生物炭的施入量为 0 $g\cdot kg^{-1}$ 时，不同粒径下土壤团聚体脲酶的活性总体呈下降趋势，其值为 0.717～1.448 $\mu g\cdot g^{-1}$；当生物质炭的施入量为 2.5 $g\cdot kg^{-1}$ 及 10 $g\cdot kg^{-1}$ 时，随着粒径的增大，土壤团聚体脲酶的活性变化总体规律均为先升后降，其值分别为 0.543～1.067 μg·g^{-1} 及 0.690～1.225 μg·g^{-1}。而当 Cd 的污染量为 2.5mg·kg^{-1} 时，其值为 0.728～1.603 μg·g^{-1}。随着生物质炭的施入，该酶活性变化量趋于平缓。当土壤中 Cd 和生物质炭的施入量分别为 0 mg·kg^{-1} 和 0 g·kg^{-1} 时，团聚体随着粒径的增大，非根际土壤团聚体脲酶活性呈现降低的趋势，而在加生物质炭的情况下，非根际土壤团聚体脲酶活性随着不同粒径团聚体的增大，先升后降，但差异不大。不同处理下非根际土壤团聚体脲酶活性的变化与根际土壤团聚体脲酶活性的变化趋势差异不大。

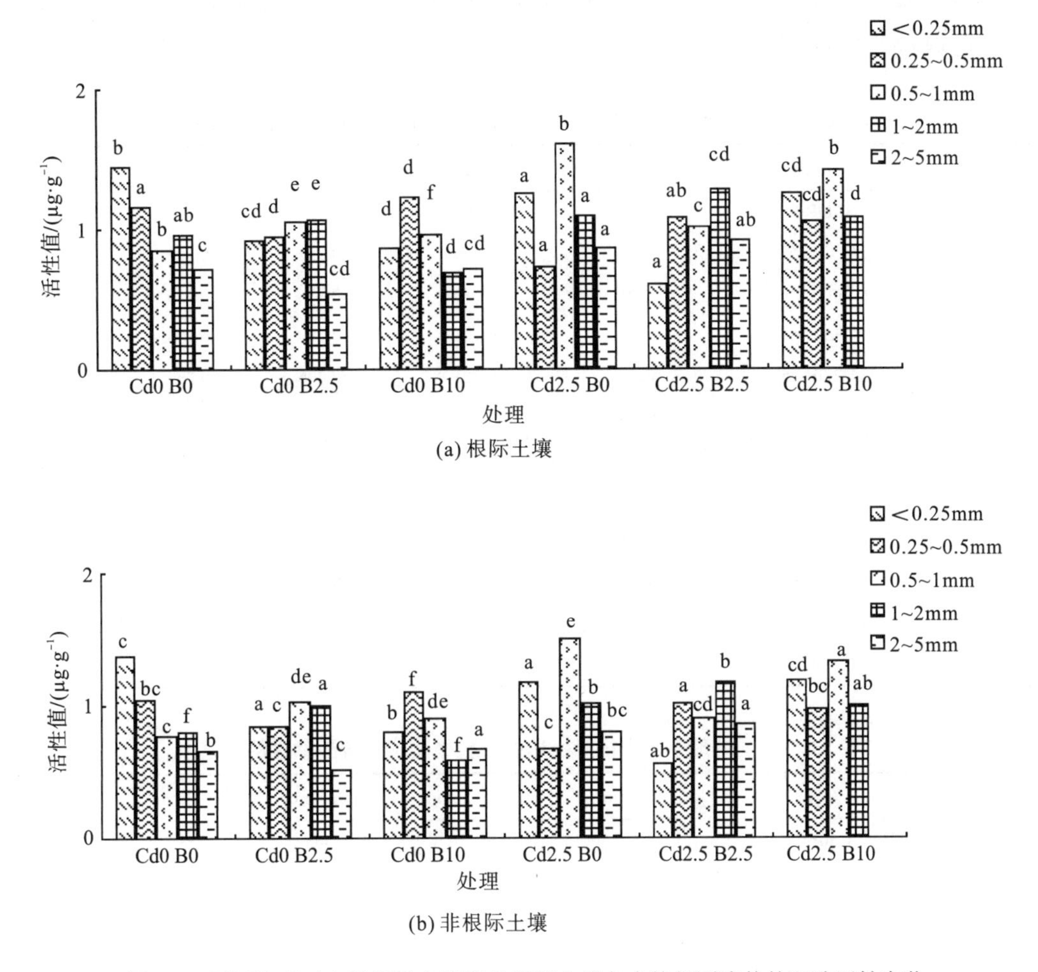

(a) 根际土壤

(b) 非根际土壤

图 5.4　不同处理下水稻根际土壤及非根际土壤各个粒径团聚体的脲酶活性变化

分析表 5.7 的数据可知，在 Cd0B0 处理中，水稻根际土壤团聚体脲酶的活性比率最高为粒径<0.25mm 时；而随着生物质炭量的增加，土壤团聚体脲酶的活性比率最高分别为粒径为 1～2mm 及 0.25～0.5mm 时，其比率分别为 0.236 及 0.276；而当土壤受 Cd 污染时，随着施入的生物质炭量的增加，该酶的活性比率最高向中等大小的团聚体粒径聚集；在 Cd0B0 处理中，<0.25mm 的粒径在水稻非根际土壤团聚体中占的比率最大；而当不同量的生物质炭输入时，水稻非根际土各个粒径团聚体脲酶活性的比率最大聚集于中间粒径，分别为 0.243 和 0.273。而当土壤受 Cd 污染时，生物质炭施入量逐渐增加，

水稻非根际土各个粒径团聚体脲酶活性比率均是先升后降，这说明中间粒径的团聚体脲酶活性较大，酶活性主要集中于 0.5～1mm 及 1～2mm 的粒径中。

由表 5.8 可以直观看出，Cd0B0 处理与 Cd2.5B0 处理下水稻根际土壤各个粒径团聚体脲酶活性的贡献率均高于其他各个处理下的贡献率，贡献率最高为 Cd2.5B0 处理下 0.5～1mm 的粒径，其值为 5.828，说明 Cd2.5B0 处理下的该粒径对原土的贡献率最大。而非根际土壤团聚体脲酶活性相较于被污染土壤，Cd0B0 处理中各个粒径的团聚体贡献率显著高于其他处理；而污染土壤中，随着生物质炭量的增加，土壤团聚体脲酶在各种处理间的贡献率呈先降后升的趋势。

表 5.7 不同处理下水稻根际土壤各个粒径团聚体脲酶活性的比率

分类	处理	<0.25mm	0.25～0.5mm	0.5～1mm	1～2mm	2～5mm
根际	Cd0B0	0.282	0.227	0.165	0.187	0.139
	Cd0B2.5	0.204	0.209	0.232	0.236	0.120
	Cd0B10	0.193	0.276	0.216	0.155	0.160
	Cd2.5B0	0.226	0.131	0.289	0.198	0.156
	Cd2.5B2.5	0.123	0.221	0.206	0.262	0.188
	Cd2.5B10	0.260	0.220	0.294	0.226	
非根际	Cd0B0	0.295	0.224	0.166	0.173	0.142
	Cd0B2.5	0.198	0.200	0.243	0.238	0.121
	Cd0B10	0.197	0.273	0.221	0.144	0.165
	Cd2.5B0	0.226	0.129	0.292	0.197	0.156
	Cd2.5B2.5	0.123	0.226	0.199	0.262	0.190
	Cd2.5B10	0.265	0.218	0.296	0.221	

表 5.8 不同处理下水稻根际土壤各个粒径团聚体脲酶活性的贡献率

分类	处理	<0.25mm	0.25～0.5mm	0.5～1mm	1～2mm	2～5mm
根际	Cd0B0	4.115	3.320	2.406	2.732	2.036
	Cd2.5B0	4.562	2.646	5.828	4.001	3.158
	Cd2.5B2.5	0.590	1.063	0.990	1.260	0.903
	Cd2.5B10	1.629	1.374	1.841	1.411	—
非根际	Cd0B0	8.409	6.391	4.724	4.930	4.059
	Cd2.5B0	4.408	2.523	5.684	3.839	3.031
	Cd2.5B2.5	0.551	1.016	0.894	1.175	0.853
	Cd2.5B10	2.615	2.147	2.919	2.184	—

5.2.2 生物质炭对土壤团聚体蔗糖酶活性的影响

由图 5.5 可以看出，在土壤不受 Cd 污染的情况下，水稻根际土壤蔗糖酶活性为 0.137～

1.476$\mu g\cdot g^{-1}$，且其在不同粒级间变化显著；而在污染土壤中，水稻根际土壤不同粒径团聚体蔗糖酶活性变化较为平稳，最大值为 0.913$\mu g\cdot g^{-1}$，最小值为 0.143$\mu g\cdot g^{-1}$，Cd 污染下的水稻根际土壤蔗糖酶活性整体上低于不受污染的土壤活性。受植物根际效应的影响，水稻非根际土壤蔗糖酶活性从整体上低于根际土壤。

由表 5.9 可以直观看出，根际土壤团聚体酶活性在 Cd0B0 处理中，<0.25mm 的团聚体粒径所占的比率最大，为 0.323，随着粒径的增加，其比率呈现先升后降的趋势；而当生物质炭的施入量为 2.5 $g\cdot kg^{-1}$ 时，不同粒径团聚体的蔗糖酶活性呈现先降后升的趋势，其所占比率最大的为 2～5mm，其值为 0.503；而当生物质炭的施入量为 10 $g\cdot kg^{-1}$ 时，其比率最大的是<0.25mm 的团聚体粒，为 0.459。而在土壤受到 Cd 污染的情况下，不同粒径间的水稻土壤根际酶活性变化不甚显著，随着生物质炭输入量的增加，酶活性的比率有向大粒径聚集的趋势。非根际土壤团聚体蔗糖酶活性在 Cd0B0 处理中，比率最大的为粒径<0.25mm 时，而随着生物质炭的施入，其比率最大仍为粒径<0.25mm 时。

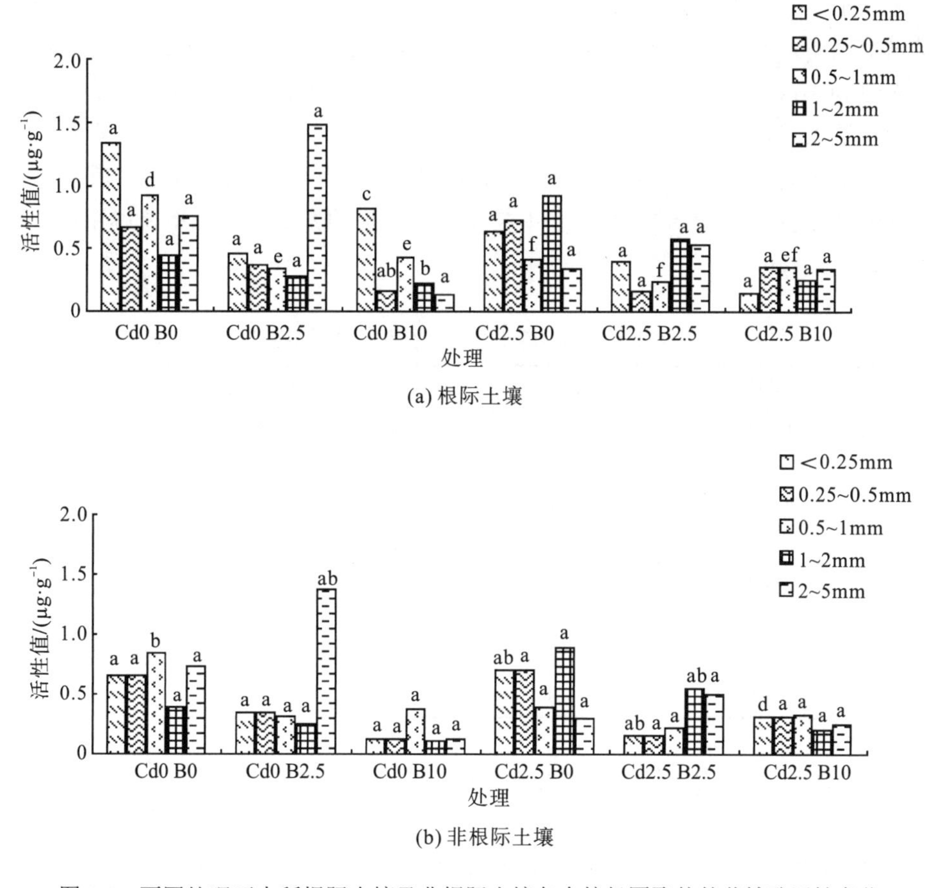

(a) 根际土壤

(b) 非根际土壤

图 5.5　不同处理下水稻根际土壤及非根际土壤各个粒径团聚体的蔗糖酶活性变化

表 5.9 不同处理下水稻根际土壤各个粒径团聚体蔗糖酶活性的比率

分类	处理	<0.25mm	0.25～0.5mm	0.5～1mm	1～2mm	2～5mm
根际	Cd0B0	0.323	0.163	0.224	0.107	0.184
	Cd0B2.5	0.155	0.128	0.117	0.097	0.503
	Cd0B10	0.459	0.094	0.242	0.127	0.077
	Cd2.5B0	0.211	0.240	0.137	0.300	0.112
	Cd2.5B2.5	0.210	0.086	0.122	0.304	0.279
	Cd2.5B10	0.099	0.247	0.244	0.170	0.240
非根际	Cd0B0	0.324	0.170	0.217	0.100	0.189
	Cd0B2.5	0.157	0.126	0.117	0.093	0.507
	Cd0B10	0.293	0.053	0.152	0.042	0.050
	Cd2.5B0	0.213	0.244	0.136	0.306	0.101
	Cd2.5B2.5	0.167	0.096	0.124	0.319	0.294
	Cd2.5B10	0.290	0.203	0.214	0.132	0.161

从表 5.10 的数据可以看出，Cd 污染下的各个粒径水稻根际土的贡献率显著低于原土，且当生物质炭的施入量为 2.5 $g\cdot kg^{-1}$ 时，贡献率最高为 1～2mm 的粒径，而当生物质炭的施入量为 10 $g\cdot kg^{-1}$ 时，贡献率最高为 0.25～0.5mm 的粒径。而 Cd 污染水稻土壤不同生物质炭输入下水稻非根际土壤各个粒径团聚体蔗糖酶的贡献率显著低于 Cd0B0，且其贡献率随着生物质炭的增加有先降后升的趋势：当不添加生物质炭时，其贡献率最高为 1～2mm 的粒径，为 7.153，而随着生物质炭施入量的升高，贡献率急剧下降，其最高分别为 0.727 及 1.348。

表 5.10 不同处理下水稻根际土各个粒径团聚体蔗糖酶活性的贡献率

分类	处理	<0.25mm	0.25～0.5mm	0.5～1mm	1～2mm	2～5mm
根际	Cd0B0	13.833	7.000	9.604	4.573	7.875
	Cd2.5B0	2.000	2.271	1.299	2.844	1.062
	Cd2.5B2.5	0.251	0.103	0.146	0.364	0.334
	Cd2.5B10	0.161	0.401	0.396	0.277	0.390
非根际	Cd0B0	27.889	14.578	18.689	8.578	16.222
	Cd2.5B0	4.976	5.702	3.169	7.153	2.355
	Cd2.5B2.5	0.381	0.218	0.282	0.727	0.670
	Cd2.5B10	1.348	0.946	0.997	0.613	0.751

5.2.3 生物质炭对土壤团聚体过氧化氢酶活性的影响

分析图 5.6 的数据可以得出，在 Cd0B0 处理下，水稻根际土壤中各个粒径团聚体的过氧化氢酶活性随着团聚体粒径的增大而增大，而随着生物质炭的施入，该酶活性逐渐向中间颗粒及大颗粒聚集，在 Cd0B2.5 处理下，水稻根际土过氧化氢酶活性最高为 0.5～1mm

粒径，而在 Cd0B10 处理下，水稻根际土过氧化氢酶活性最高为 2～5mm 粒径。在 Cd 的输入量为 2.5 mg·kg^{-1} 时，Cd2.5B2.5 处理下的水稻根际各个粒径团聚体的过氧化氢酶活性显著高于其他处理，而当生物质炭的施入量为 10 g·kg^{-1} 时，该酶的总体活性显著下降。

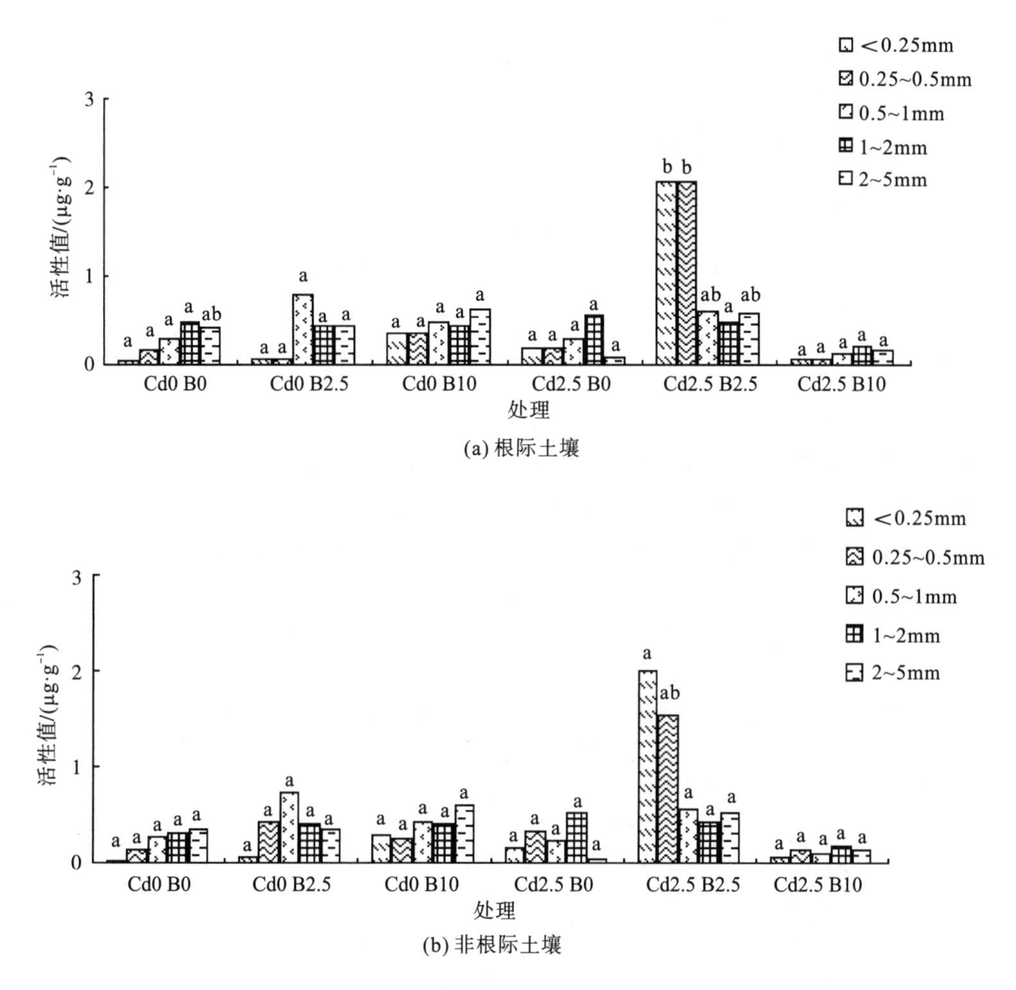

(a) 根际土壤

(b) 非根际土壤

图 5.6　不同处理下水稻根际土壤及非根际土壤各个粒径团聚体的过氧化氢酶活性变化

由表 5.11 的数据可以直观看出，在土壤中 Cd 的施入量为 0 mg·kg^{-1} 时，水稻根际土各个粒径团聚体的过氧化氢酶的活性有向中大粒径聚集的趋势，因而小粒径中过氧化氢酶的活性总体低于中大粒径。而当土壤中 Cd 的添加量为 2.5 mg·kg^{-1} 时，小粒径团聚体的过氧化氢酶活性有所增大，在 Cd2.5B2.5 处理下，水稻根际土壤过氧化氢酶的活性最大为<0.25mm 粒径，其值为 0.375，而在大粒径中有所降低。水稻非根际土壤各个粒径团聚体的过氧化氢酶的活性变化趋势与根际土壤过氧化氢酶活性的变化趋势大体相同，不再赘述。

表 5.11 不同处理下水稻非根际土壤各个粒径团聚体过氧化氢酶活性的比率

分类	处理	<0.25mm	0.25～0.5mm	0.5～1mm	1～2mm	2～5mm
根际	Cd0B0	0.030	0.122	0.211	0.339	0.298
	Cd0B2.5	0.030	0.201	0.368	0.198	0.202
	Cd0B10	0.158	0.136	0.218	0.200	0.288
	Cd2.5B0	0.128	0.256	0.189	0.378	0.049
	Cd2.5B2.5	0.375	0.323	0.110	0.086	0.105
	Cd2.5B10	0.091	0.225	0.173	0.282	0.229
非根际	Cd0B0	0.026	0.119	0.247	0.293	0.315
	Cd0B2.5	0.026	0.215	0.375	0.206	0.178
	Cd0B10	0.149	0.130	0.216	0.206	0.299
	Cd2.5B0	0.121	0.260	0.180	0.408	0.031
	Cd2.5B2.5	0.396	0.308	0.109	0.084	0.102
	Cd2.5B10	0.099	0.238	0.173	0.322	0.253

从表 5.12 的数据中可以得出，在不同粒径中，Cd2.5B2.5 处理下的水稻根际土壤过氧化氢酶的贡献率均显著高于其他处理，当团聚体粒径<0.25mm，其贡献率为 0.779。而当团聚体粒径逐渐增大时，其贡献率分别为 0.672、0.229、0.179 及 0.218，可见，随着团聚体粒径的增大，其贡献率有所下降；在其他处理下，水稻根际土壤中不同粒径的团聚体过氧化氢酶活性贡献率均低于该处理，且有向中小粒径聚集的趋势。非根际土壤过氧化氢酶贡献率最大亦为 Cd2.5B2.5 处理中的<0.25mm 粒径，其值为 0.862。

表 5.12 不同处理下水稻非根际土壤各个粒径团聚体过氧化氢酶活性的贡献率

分类	处理	<0.25mm	0.25～0.5mm	0.5～1mm	1～2mm	2～5mm
根际	Cd0B0	0.011	0.045	0.078	0.125	0.110
	Cd2.5B0	0.052	0.104	0.076	0.153	0.020
	Cd2.5B2.5	0.779	0.672	0.229	0.179	0.218
	Cd2.5B10	0.026	0.065	0.050	0.082	0.066
非根际	Cd0B0	0.008	0.036	0.075	0.089	0.096
	Cd2.5B0	0.050	0.107	0.074	0.168	0.013
	Cd2.5B2.5	0.862	0.669	0.238	0.184	0.223
	Cd2.5B10	0.021	0.052	0.038	0.070	0.055

5.3 生物质炭对镉污染土壤团聚体综合酶活性的影响

5.3.1 生物质炭对土壤团聚体碳循环酶活性的影响

对不同处理下的水稻根际及非根际土壤碳循环相关的酶活性求几何平均数(geametric mean)，作为衡量水稻根际及非根际土壤团聚体碳循环酶的综合指标，其计算结果如表 5.13 所示。

表 5.13　水稻根际土壤及非根际土壤团聚体不同粒径的碳循环酶活性指数

分类	处理	<0.25mm	0.25～0.5mm	0.5～1mm	1～2mm	2～5mm
根际	Cd0B0	2.175	2.807	3.415	3.513	2.035
	Cd0B2.5	1.234	1.266	2.595	1.142	2.738
	Cd0B10	1.826	1.359	2.571	1.315	1.819
	Cd2.5B0	3.991	3.644	4.167	3.902	3.309
	Cd2.5B2.5	1.787	1.969	2.391	2.430	2.018
	Cd2.5B10	1.882	1.677	3.555	2.496	3.189
非根际	Cd0B0	0.867	1.230	1.337	1.272	0.926
	Cd0B2.5	0.465	0.289	0.979	0.433	1.037
	Cd0B10	0.685	0.456	1.091	0.651	0.698
	Cd2.5B0	1.636	1.364	1.631	1.626	1.374
	Cd2.5B2.5	0.725	0.787	1.757	0.940	0.794
	Cd2.5B10	0.937	0.608	1.527	1.005	1.305

从表 5.13 的数据可以看出，水稻根际土壤团聚体不同粒径的碳循环酶活性普遍高于非根际土壤，且 0.5～1mm 粒径下的土壤团聚体碳循环酶活性高于其他粒径，这说明在重金属 Cd 及生物质炭的共同作用下，水稻土壤根际土壤不同粒径的团聚体碳循环酶活性主要聚集于中间粒径。在水稻根际及非根际土壤的各种处理中，Cd2.5B0 处理中的土壤不同粒径的团聚体碳循环酶活性均高于其他处理。

5.3.2　生物质炭对土壤团聚体氧化还原酶活性的影响

对不同处理下的水稻根际及非根际土壤不同粒径的各种氧化还原酶活性求几何平均数，作为衡量水稻根际及非根际土壤的氧化还原类酶综合酶活性指标，其计算结果如表 5.14 所示。

表 5.14　水稻根际土壤及非根际土壤团聚体不同粒径的氧化还原酶活性指数

分类	处理	<0.25mm	0.25～0.5mm	0.5～1mm	1～2mm	2～5mm
根际	Cd0B0	0.432	0.513	0.616	0.587	0.611
	Cd0B2.5	0.302	0.538	0.302	0.538	0.661
	Cd0B10	0.507	0.706	0.581	0.408	0.394
	Cd2.5B0	0.537	0.588	0.574	0.828	0.280
	Cd2.5B2.5	0.792	0.683	0.522	0.707	0.657
	Cd2.5B10	0.227	0.393	0.396	0.378	0.238
非根际	Cd0B0	0.364	0.445	0.558	0.462	0.548
	Cd0B2.5	0.261	0.493	0.619	0.466	0.623
	Cd0B10	0.552	0.333	0.522	0.290	0.365
	Cd2.5B0	0.482	0.539	0.514	0.778	0.209
	Cd2.5B2.5	0.680	0.636	0.470	0.648	0.604
	Cd2.5B10	0.305	0.340	0.345	0.327	0.184

由表 5.14 可知，在不同处理中，水稻根际及非根际土壤团聚体不同粒径的氧化还原酶活性相差不大，且随着团聚体粒径的增大，不同处理下的土壤团聚体氧化还原酶活性指数变化规律不甚明显，这可能是因为在不同量生物质炭及重金属 Cd 的共同作用下，水稻土壤中氧化还原类酶在不同粒径的团聚体中聚集状态不一致。

5.3.3 生物质炭对土壤团聚体综合酶活性的影响

对不同处理下的水稻根际及非根际土壤不同粒径的各种酶活性求几何平均数，作为衡量水稻根际及非根际土壤的综合酶活性指标，其计算结果如表 5.15 所示。

表 5.15 水稻根际土壤及非根际土壤团聚体不同粒径的综合酶活性指数

分类	处理	<0.25mm	0.25～0.5mm	0.5～1mm	1～2mm	2～5mm
根际	Cd0B0	0.559	0.790	0.992	0.953	0.655
	Cd0B2.5	0.346	0.531	0.965	0.373	1.118
	Cd0B10	0.755	0.375	0.776	0.353	0.440
	Cd2.5B0	1.182	1.203	1.303	1.493	0.775
	Cd2.5B2.5	0.764	0.714	0.657	0.823	0.719
	Cd2.5B10	0.391	0.480	0.792	0.677	1.130
非根际	Cd0B0	0.299	0.404	0.534	0.465	0.453
	Cd0B2.5	0.214	0.230	0.468	0.274	0.555
	Cd0B10	0.309	0.192	0.463	0.285	0.323
	Cd2.5B0	0.459	0.513	0.468	0.652	0.332
	Cd2.5B2.5	0.449	0.428	0.548	0.452	0.418
	Cd2.5B10	0.317	0.236	0.405	0.322	0.596

从表 5.15 中的数据可以得出，水稻根际土壤团聚体不同粒径的综合酶活性指数在 Cd2.5B0 处理下最高，其不同粒径的团聚体综合酶活性为 0.775～1.493，且随着团聚体粒径的增大，其综合酶指数先是平稳上升后降低，非根际下水稻根际土壤团聚体不同粒径的综合酶活性指数变化同根际土壤相同。

5.4 讨 论

土壤团聚体形成后内部孔隙减小，有机碳与矿物颗粒的接触更紧密。一般认为，有机碳被团聚体包裹后或者以颗粒形式存在于空隙中，或者直接与组成微团聚体的矿物颗粒密切联系(陈怀满，2008；刘中良和宇万太，2011；张千丰和王光华，2012；孟令军 等，2012)，可以用“隔离”和“吸附”过程描述不同级别(或尺度)团聚体对土壤有机质的保护(薛培英 等，2006；陶波 等，2007；何绪生 等，2011)，土壤团聚体的物理保护作用使土壤团聚体长久以来作为土壤结构稳定性的代替指标。不同粒级的土壤团聚体在营养元素的保持、供应及转化能力等方面发挥着不同的作用，因而其酶活性的变化也随着外援有机物料的添加而不尽相同。土壤团聚体微域环境的研究已成为近年热点，但目前有关生物质炭的施入对重金属污染下土壤团聚体酶活性的恢复作用的报道仍然不多。

有学者研究表明，有机物料施用能够促进土壤团聚体的形成，提高其稳定性及团聚性能。这是外援有机物料对小团聚体的胶结作用并形成大团聚体的重要机制。马瑞萍等(2014)研究表明，土壤有机碳含量、酶活性及团聚体酶活性与各种形态有机碳均呈显著正相关关系，其中蔗糖酶、过氧化氢酶等氧化还原类酶以及人工刺槐群落各种土壤酶活性均表现为 0.5～1mm 的中间粒径中最大。有报道称，向土壤中施入不同有机化合物后，土壤团聚体酶活性均有提升，但提升程度随着供试有机化合物的种类不同而不同，这可能与化合物自身特性及其在土壤中的分解特性有关(李鑫　等，2015)。土壤纤维素酶、过氧化氢酶、蔗糖酶和脲酶活性均与团聚体各种粒径显示出某种显著的相关性(牛文静　等，2009)，这同本书的测定结果有很强的相似性，可能是由于不同级别的团聚体的胶结物质及作用强度不同，与团聚体结合的有机碳受到的物理保护程度也不同，因而在生物质炭及重金属的共同作用下，不同粒径的土壤团聚体酶活性的变化也不尽相同(Steiner et al.，2008；Solaiman et al.，2010；张晗芝，2011)。

本书通过计算土壤酶活性综合指数，得出随着团聚体粒径的增大，其综合酶指数先平稳上升后降低，水稻非根际土壤下团聚体不同粒径的综合酶活性指数变化同根际的结果相一致。这是由于较大粒径的团聚体中有机碳的分解需要足够的空气和水，孔隙度的减小直接阻碍分解过程；而较小粒径的团聚体内的空隙小于某些细菌所能通过的限度时，有机碳的降解只能依靠胞外酶向基质扩散，这对生物来说是极大的耗能过程(张晗芝　等，2010；陈红霞　等，2011；张月明，2012；李金娟　等，2013；王义祥　等，2015)，正是这种耗能使得小粒径的土壤团聚体酶活性有所下降。Li 等(2007)的研究也发现，存在于大粒径中的有机碳以活性碳为主，易于受到外源物料的影响，因此，较高的 FDA 水解酶活性反映出有机质在大粒径团聚体中进行着活跃的生物化学转化。

不同粒径中维持酶活性的机理不同，小粒径中的有机碳通常是以腐殖质化程度较高、微生物较难利用的芳香性和脂肪性化合物为主(朱姗姗　等，2013)，较高的酶活性可能是由于酶被吸附于黏粒表面或与有机碳键合形成复合体而被保护，其表现出来的是潜在的酶活性。而大粒径中丰富的新鲜有机物促进了微生物的生长繁殖，提高了微生物对酶活性的贡献。因此，在农业生产过程中，有机肥和无机肥配合施用不仅可以促进土壤较大团聚体的形成以改善土壤结构，而且可以通过提高大团聚体中的酶活性进一步调节土壤的生物活性功能。

5.5　结　　论

(1) 水稻根际土壤团聚体不同粒径的各类酶活性均在 Cd2.5B0 处理下达到最高，且随着团聚体粒径的增大，其综合酶指数先平稳上升后降低。

(2) 水稻非根际土壤团聚体不同粒径的综合酶活性指数变化趋势同根际土壤大体相

同，且总体上低于根际土壤。

(3) 0.5～1mm 粒径的团聚体综合酶活性普遍高于其他粒径。

参考文献

陈红霞，杜章留，郭伟，等，2011. 施用生物炭对华北平原农田土壤容重、阳离子交换量和颗粒有机质含量的影响. 应用生态学报，22(11)：2930-2934.

陈怀满，2008. 土壤—植物系统中的重金属污染. 北京：科学出版社：17-25.

何绪生，耿曾超，余雕，等，2011. 生物炭生产与农用的意义及国内外动态. 农业工程学，27(2)：1-5.

李金娟，张雪霞，王平，等，2013. 多金属硫化物矿区不同品种水稻根际土壤酶活性. 生态环境学报，22(11)：1830-1836.

李鑫，马瑞萍，安韶山，等，2015. 黄土高原不同植被带土壤团聚体有机碳和酶活性的粒径分布特征. 应用生态学报，26(8)：1-9.

刘中良，宇万太，2011. 土壤团聚体中有机碳研究进展. 中国生态农业学报，19(2)：447-455.

马瑞萍，安韶山，党廷辉，等，2014. 黄土高原不同植物群落土壤团聚体中有机碳和酶活性研究. 土壤学报 51(1)：104-112.

孟令军，更增超，王海涛，等，2012. 秦岭太白山区鹿蹄草根际与非根际土壤养分及酶活性研究. 西北农业科技大学学报(自然科学版)，5(5)：36-39.

牛文静，李恋卿，潘根兴，等，2009. 太湖地区水稻不同粒级团聚体中酶活性对长期施肥的响应. 应用生态学报，20(9)：2181-2186.

陶波，刘贤进，余向阳，等，2007. 土壤中黑碳对农药敌草隆的吸附-解吸迟滞行为研究. 土壤学报，44(4)：650-655.

王义祥，叶菁，肖生美，等，2015. 铺料厚度对双孢蘑菇栽培过程酶活性和 CO2 排放的影响. 农业环境科学学报，34(12)：2418-2425.

薛培英，胡莹，刘云霞等，2006. 重金属污染土壤添加骨炭对苗期水稻吸收重金属的影响. 农业环境科学学报，25(6)：1481-1486.

张晗芝，黄云，刘钢，2010. 生物炭对玉米苗期生长、养分吸收及土壤化学性状的影响. 生态环境学报，19(11)：2713-2727.

张晗芝，2011. 生物炭对土壤肥力、作物生长及养分吸收的影响重庆. 重庆：西南大学.

张千丰，王光华，2012. 生物炭理化性质及对土壤改良效果的研究进展. 土壤与作物，1(4)：219-226.

张月明，2012. 生物炭对土壤性质及作物生长的影响研究. 山东：山东农业大学.

朱姗姗，张雪霞，王平，等，2013. 多金属硫化物矿区水稻根际土壤中重金属形态的迁移转化. 农业环境科学学报，32(5)：944-952.

Li L Q，Zhang X H，Zhang P J，et al.，2007. Variation of organic carbon and nitrogen in aggregate size fractions of a paddy soil under fertilization practice from TaiLake Region，China. Journal of the Science of Food and Agriculture，30(6)：1052-1058.

Solaiman Z M，Blackwell P，Abbott L K，et al.，2010. Direct and residual effect of biochar application on mycorrhizal root colonisation，growth and nutrition of wheat. Soil Research，48：546-554.

Steiner C，Glaser B，Teixeira W G，2008. Nitrogen retention and plant uptake on a highly weathered centralmazonian ferralsol ammended with compost and charcoal . Journal of Plant Nutrition and Soil Science，171 (6)：893-899.

第 6 章　生物质炭对镉污染土壤微生物多样性的影响

6.1　生物质炭对土壤微生物功能多样性的影响

6.1.1　土壤微生物群落活性的变化

AWCD 是土壤微生物群落时间维度上的碳源利用能力，可反映微生物群落活性、生理功能多样性(田雅楠和王红旗，2011)。图 6.1 显示了培养时间段内微生物代谢活性变化总趋势。四种处理下的总 AWCD 与微平板温育时长明显呈正比。24 h 之前未明显上升，碳源几乎未利用，24～120 h 大幅上升，碳源被快速利用，120 h 之后上升速度减缓。可见，随着微平板温育时间的推移，土壤微生物整体代谢活性随之升高，微生物代谢活性最高为 24～120 h 时。具体分析四个处理，整个温育过程中土壤微生物代谢活性显著不同，B2.5>B10>B0>CK(在 72 h 之前)，72h 之后趋势为 B2.5>B10>CK>B0。这表明，四个处理组相比，土壤微生物代谢能力、活性都是 B2.5 处理组中最高。对照施用生物质炭两个组，B2.5 组代谢活性显著提高；72 h 前后单施 Cd 的 B0 处理组 AWCD 表现出差异，该时间之前呈上升态势，微生物碳源利用能力强于空白对照组，后却呈下降态势，利用能力弱于空白对照组，即温育时间越长，B0 组微生物代谢活性越低。

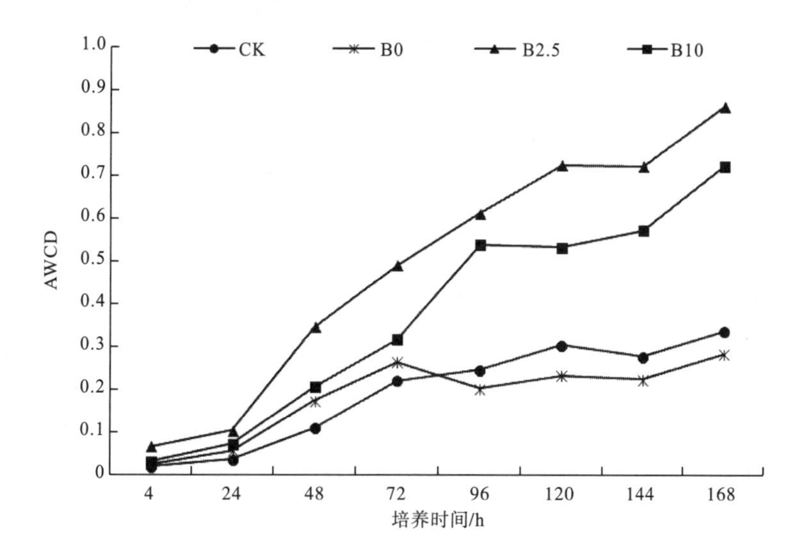

图 6.1　四种处理中培养期内土壤微生物 AWCD 的变化

6.1.2 土壤微生物群落多样性指数的变化

Shannon 多样性指数是研究群落物种丰富度的综合指标，是目前应用最为广泛的群落多样性指数之一，Simpson 指数较多反映群落中最常见的物种优势度，McIntosh 指数则是对群落中物种均一性的度量(Atlas，1984)。120 h 的 AWCD 较稳定，为整个温育培养期的时间拐点，选取该时间点的数据进行后续功能多样性分析。表 6.1 为三种多样性分析结果，无论是生物质炭还是重金属 Cd 进入土壤均对土壤微生物三种功能多样性指数产生不同程度的影响，均呈现 B2.5>B10>CK>B0 的规律。Cd 胁迫下土壤微生物群落功能多样性下降，生物质炭输入后多样性提升，并随着输入量增加呈先上升后下降态势。结果证明，B2.5 处理组微生物响应最激烈，显著提升。Cd 胁迫下施加生物质炭可显著提高土壤中微生物种群的均一度，在一定程度上提高物种的丰富度，但对常见的微生物物种影响甚微。

表 6.1 四种处理下土壤微生物群落功能多样性

处理	Shannon 指数	Simpson 指数	McIntosh 指数
CK	2.29 ± 0.09^{bc}	0.88 ± 0.02^{bc}	3.43 ± 0.30^{c}
B0	2.17 ± 0.08^{c}	0.85 ± 0.04^{c}	3.06 ± 0.42^{c}
B2.5	3.04 ± 0.09^{a}	0.94 ± 0.01^{b}	5.41 ± 0.11^{b}
B10	2.50 ± 0.11^{b}	0.91 ± 0.02^{bc}	5.03 ± 0.24^{b}

注：表中数据为平均值±标准差。每列数据后面不同字母表示差异达显著水平($P<0.05$)。

6.1.3 土壤微生物碳源利用特征的变化

根据 Biolog ECO 板上 31 种碳源的结构与化学性质，将其分为六大类碳源化合物(Preston-Mafham et al.，2002)：糖类 7 种、羧酸类 9 种、胺类 2 种、氨基酸类 6 种、聚合物类 4 种、其他类 3 种。图 6.2 展示了四种处理六类碳源化合物的利用情况。土壤微生物碳源代谢群落从小到大依次为：其他类、羧酸类、氨基酸类、聚合物类、胺类、糖类。其中，糖类 B2.5>B10>CK>B0；羧酸类 B2.5>CK>B10>B0；胺类 B2.5>B10>CK>B0；氨基酸类 B10>CK>B2.5>B0；聚合物类 B2.5>B0>CK>B10；其他类 B2.5>B0>CK>B10。可见，2.5 $g\cdot kg^{-1}$ 生物质炭施入量下碳源利用能力最强，此用量可显著利用碳源，表明 Cd 污染胁迫下，六类碳源化合物的微生物利用能力不同处理差异明显，碳源利用率与生物质炭添加量呈反比。这与土壤微生物 AWCD、功能多样性指数分析结果一致。添加生物质炭土壤中微生物羧酸类、氨基酸、糖类、胺类、聚合物类和其他类的利用能力分别是单施 Cd 的对照组的 10 倍、5 倍、3 倍、2 倍、1 倍、1 倍。这表明生物质炭施用后，聚合物类、其他类微生物利用能力尚未变化，糖类、羧酸类、氨基酸类、胺类四类碳源微生物利用能力大幅上升，聚合物类和其他类微生物对化合物的利用能力被重金属 Cd 刺激后有所增强。

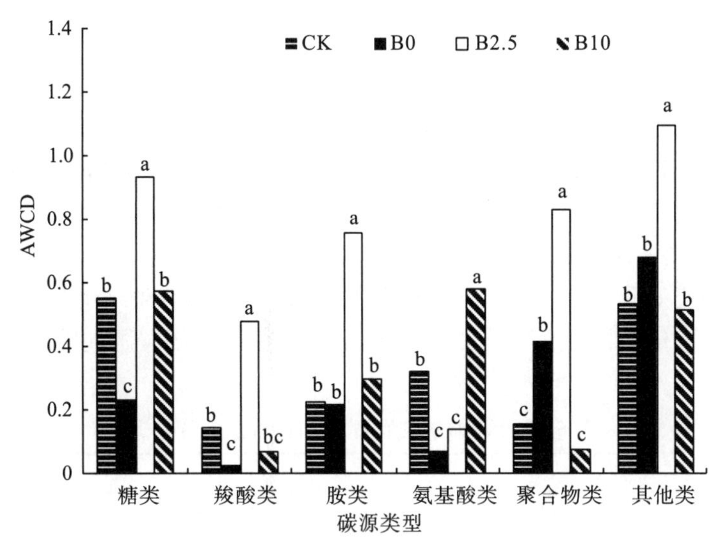

图 6.2　四种处理下土壤微生物对六类化合物的利用率

注：同一类化合物下，不同处理间字母不同表示差异达到显著水平($P<0.05$)。

6.1.4　土壤微生物碳源利用主成分分析

基于 31 种碳源 120h 数据进行主成分分析，以便更深入探究土壤微生物碳源利用能力的差异。四种处理中，在 31 类碳源中提取与土壤微生物碳源利用相关的有 9 个主成分，累积方差贡献率为 95.97%。PC1 方差贡献率为 21.68%，PC2 方差贡献率为 18.74%，所占比例较剩余主成分大，因而选取这两个主成分绘制二维坐标图进行分析。不同处理在 PC 轴上位置分布不同。结果如图 6.3 所示，B10 和 B2.5 都位于 PC1 正轴、PC2 正轴。CK 置于 PC1 正轴、PC2 负轴，与 B10 直线距离最近。B0 则位于 PC1 负轴、PC2 负轴，与其余三个处理组直线距离较远。由此表明，土壤微生物碳源利用能力在 Cd 胁迫下减弱，B2.5 处理组碳源利用能力最强，B10 基本没有变化，但此生物质炭用量微生物碳源利用能力相似于空白对照。

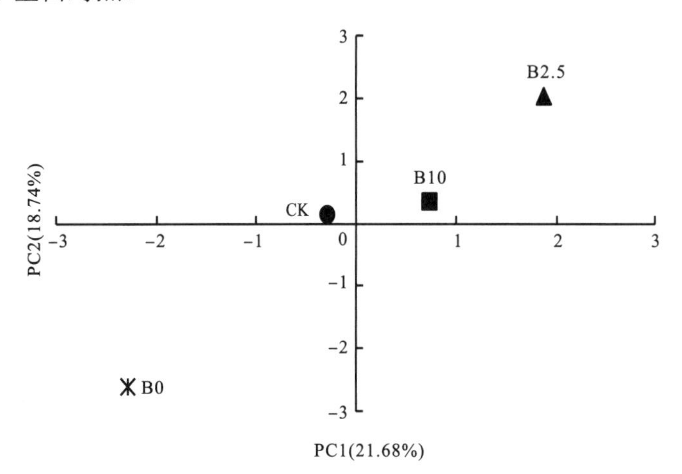

图 6.3　四种处理下土壤微生物六类化合物利用特征主成分分析

表 6.2 显示，L-丝氨酸、L-苯丙氨酸、L-苏氨酸、甘氨酰-L-谷氨酸、D-苹果酸、4-羟基苯甲酸、a-丁酮酸、a-D-乳糖、D-木糖-戊醛糖、吐温 80、丙酮酸甲酯(特征向量系数>0.5)对 PC1 贡献大，碳源种类最多的是氨基酸类、羧酸类两种化合物。D-半乳糖酸 r 内酯、2-羟基苯甲酸、r-羟丁酸、衣康酸、a-丁酮酸、D-木糖-戊醛糖、N-乙酰-D 葡萄糖氨、苯乙胺、甘氨酰-L-谷氨酸对 PC2 贡献大，羧酸类、糖类两类化合物碳源类型所占比例大。PC1 和 PC2 共占微生物群落碳源利用率总变异的 40.42%，是变异的主要来源。四种处理组土壤微生物在羧酸类的利用上差异显著。坐标上 B2.5、B10 两个处理组与 B0 组分布位置距离远，表明羧酸类化合物是生物质炭与单加 Cd 土壤中微生物碳源利用显著不同的主要碳源因子。

表 6.2 土壤微生物代谢 31 种碳源主成分分析

碳源类型		PC1	PC2
糖类	β-甲基-D-葡萄糖苷	−0.45	0.35
	D-木糖-戊醛糖	0.52	0.59
	i-赤藓糖醇	−0.39	0.42
	D-甘露醇	0.25	0.30
	N-乙酰-D 葡萄糖氨	−0.45	0.68
	D-纤维二糖	0.40	0.28
	a-D-乳糖	0.56	0.38
羧酸类	D-半乳糖酸 r 内酯	−0.34	0.66
	D-半乳糖醛酸	−0.40	0.37
	2-羟基苯甲酸	0.11	0.79
	4-羟基苯甲酸	0.92	0.12
	r-羟丁酸	−0.07	0.73
	衣康酸	−0.06	0.88
	a-丁酮酸	0.52	0.52
	D-苹果酸	0.62	0.29
	D-葡萄胺酸	−0.21	−0.33
胺类	苯乙胺	0.24	0.50
	腐胺	0.47	0.15
氨基酸类	L-精氨酸	−0.07	−0.29
	L-天门冬酰胺	0.18	0.01
	L-苯丙氨酸	−0.68	−0.13
	L-丝氨酸	0.74	−0.04
	L-苏氨酸	0.53	−0.21
	甘氨酰-L-谷氨酸	0.60	0.60
聚合物类	吐温 40	0.13	−0.17
	吐温 80	0.55	0.30
	a-环式糊精	−0.43	0.06
	肝糖	0.38	−0.18
其他类	丙酮酸甲酯	0.68	0.20
	1-磷酸葡萄糖	−0.30	0.44
	D,L-a-磷酸甘油	−0.15	−0.16

6.2　生物质炭对土壤微生物遗传多样性影响

6.2.1　土壤总 DNA 浓度与 PCR 产物检测

选取λ-Hind Ⅲdigest DNA Marker 对四种处理下提取的土壤总 DNA 进行琼脂糖凝胶电泳，检测其浓度。图 6.4 显示，四个处理中土壤总 DNA 条带在 23bp 左右，位置正确，条带整齐、清晰，DNA 产量丰富，纯度高，满足下一步 PCR 扩增的要求。

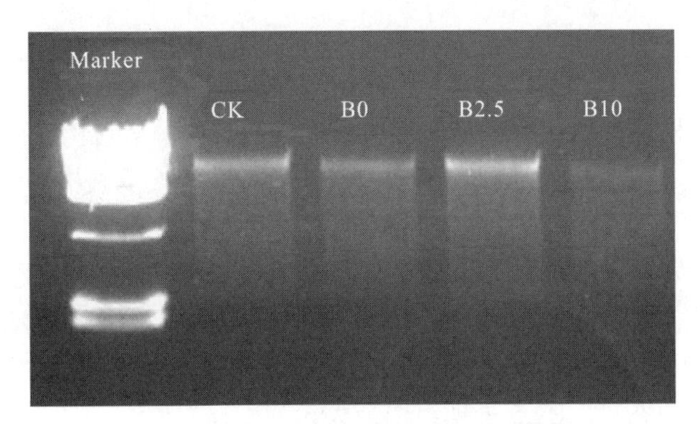

图 6.4　四个处理下土壤总 DNA 电泳

选取 100bp Ladder 作为 PCR 扩增产物琼脂糖凝胶电泳检测的 Marker。检测结果如图 6.5 所示，PCR 扩增产物电泳条带在 400bp 左右，为目标条带，条带整齐、清晰，说明 16rDNA 的 V3～V4 区扩增效果好，切胶收割纯化后可进行下一步的测序工作。

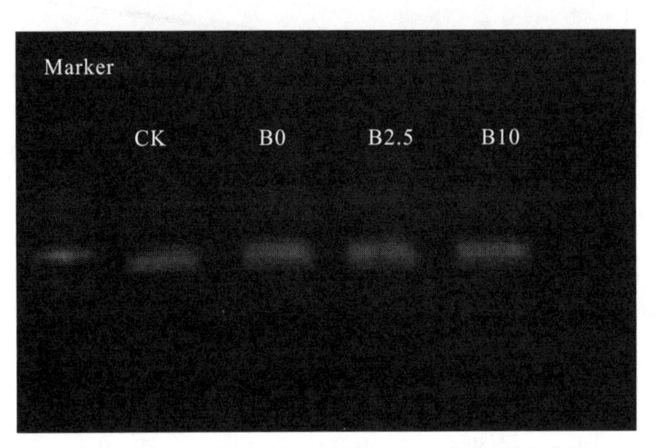

图 6.5　四个处理下土壤细菌 PCR 扩增产物电泳

6.2.2　测序结果及合理性分析

通过对土壤中细菌 V3～V4 区测序，四个样品各自测序信息和 OTUs 数量如表 6.3 所示。经分析可知，测序共得 191129 条原始序列，过滤完低质量序列和嵌合体后，剩余 146345 条有效序列，每个土样平均约有 36586 条有效序列。将其在 97%相似度下聚类共产生 7528 个 OTUs，每个土样平均有 1882 个 OTUs。

表 6.3　四个处理下土壤样品测序数据统计

处理	原始序列数/条	有效序列数/条	OUTs 数量/个
CK	49617	37122	1820
B0	42044	32149	1794
B2.5	55124	43411	2067
B10	44344	33663	1847

稀释曲线由随机抽取的序列数与它们所能代表 OTUs 的数目构建而成，该曲线表明每个样品的取样深度，可直接反映测序数据量的合理性，并间接反映样品中物种的丰富程度。由图 6.6 可知，四个土样的稀释曲线虽小幅度上升，但整体上已趋于平稳，说明多数土壤细菌类群已被检测发现，测序数据覆盖了样品中大量物种(OTUs)，更多测序量只会产生少量的新物种，测序数据量合理，已能基本反映各环境中土样细菌基因组成与多样性。对四个土样中细菌的菌群稀释性曲线进行比较，土壤细菌物种丰富度表现为 B2.5>B10>CK>B0 的态势，B2.5 处理组中最大。

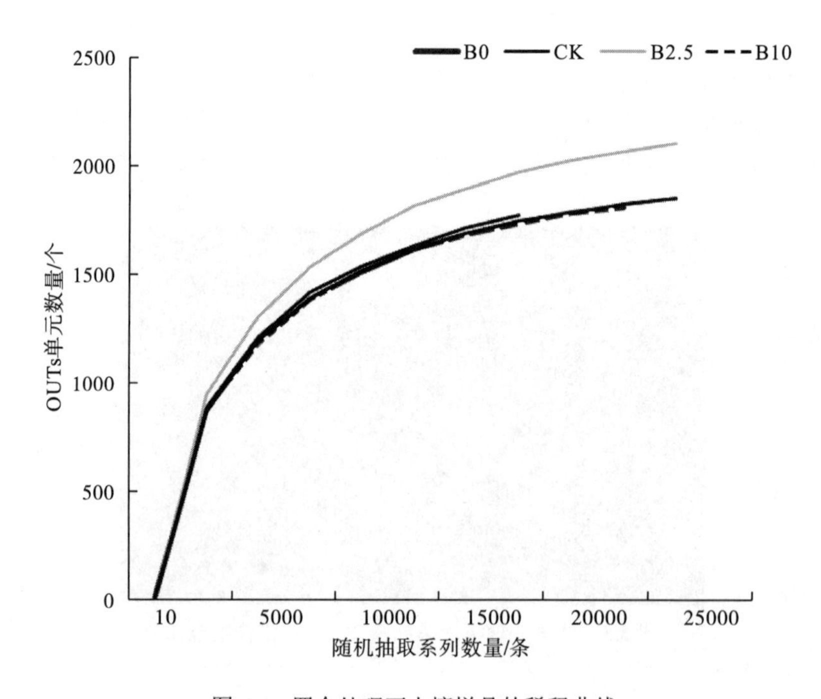

图 6.6　四个处理下土壤样品的稀释曲线

6.2.3　土壤细菌多样性的变化

本书采用 ACE 和 Chao1 指数表征土壤细菌类群的群落丰度，采用 Shannon 与 Simpson 指数评价土壤细菌群落多样性。表 6.4 显示，ACE 和 Chao1、Shannon 指数四个处理均呈现 B2.5>B10>CK>B0 的规律，说明 Cd 污染促使土壤细菌种群丰度、多样性降低。Simpson 指数变化不显著，但四种指数的峰值都出现在 B2.5 处理中。与 B0 处理组相比，B2.5 处理组 ACE 和 Chao1、Shannon、Simpson 指数分别上升了 21.04%、20.76%、2.37%、0.01%；B10 处理组三种指数分别上升了 6.79%、8.22%、0.54%、0.00%。由此可知，生物质炭输入后整体上对 Cd 胁迫的土壤细菌种群具有恢复效应，B2.5 处理与 B10 处理相比，恢复效应还略有提升。四个指数之间比较，生物质炭对 Cd 污染土壤中细菌种群的丰富度的影响大于细菌多样性。各处理的 Coverage 指数都在 99%以上，几乎接近 100%，表明测序的覆盖率高，结果能够体现土壤中细菌多样性的真实情况，这与稀释曲线的研究结果相对应。

表 6.4　四个处理 Alpha 多样性指数

处理	ACE 指数	Chao1 指数	Shannon 指数	Simpson 指数	Coverage 指数
CK	1960.28	1956.14	9.33	0.996	0.990
B0	1856.85	1816.32	9.30	0.996	0.995
B2.5	2247.47	2193.33	9.52	0.997	0.988
B10	1982.85	1965.63	9.35	0.996	0.990

6.2.4　土壤细菌群落结构及组成的变化

根据 OTUs 的结果得到四个样品在门、纲、目、科、属分类水平的物种组成比例情况，反映不同处理下细菌群落结构及组分。纵观图 6.7，四个土样的优势菌门为变形菌门(Proteobacteria)、酸杆菌门(Acidobacteria)、芽单胞菌门(Gemmatimonadetes)、拟杆菌门(Bacteroidetes)、放线菌门(Actinobacteria)、绿弯菌门(Chloroflexi)、蓝藻门(Cyanobacteria)，各处理下这几类菌门的序列数之和均占总数的 86%以上，变形菌门优势最突出，占 50%以上。具体分析不同菌门可得，变形菌门、绿弯菌门四种处理呈 B2.5>B10>CK>B0 的态势，放线菌门为 B2.5>B10>CK>B0，拟杆菌门为 B10>B2.5>CK>B0，而芽单胞菌门、酸杆菌门为 B0>CK>B10>B2.5，以上证实了各处理中细菌群落结构组成情况具有相似性，但不同类群所占比例存在差异。变形菌门、放线菌门、绿弯菌门、拟杆菌门相对丰度在单加 Cd 污染土壤中较低，添加生物质炭后升高。芽单胞菌门、酸杆菌门却与之相反，在 Cd 污染土壤中较高，添加生物质炭后下降。

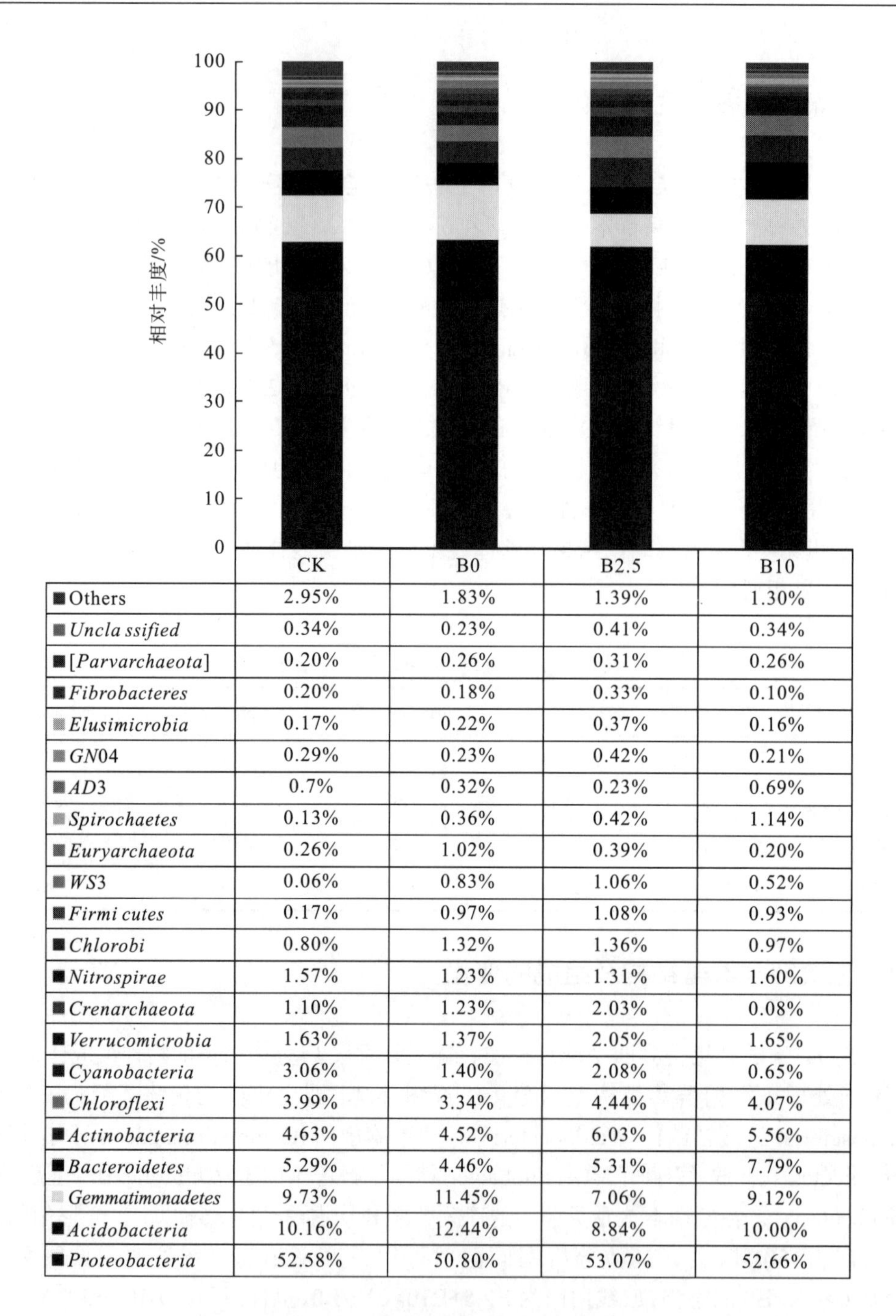

	CK	B0	B2.5	B10
Others	2.95%	1.83%	1.39%	1.30%
Uncla ssified	0.34%	0.23%	0.41%	0.34%
[*Parvarchaeota*]	0.20%	0.26%	0.31%	0.26%
Fibrobacteres	0.20%	0.18%	0.33%	0.10%
Elusimicrobia	0.17%	0.22%	0.37%	0.16%
*GN*04	0.29%	0.23%	0.42%	0.21%
*AD*3	0.7%	0.32%	0.23%	0.69%
Spirochaetes	0.13%	0.36%	0.42%	1.14%
Euryarchaeota	0.26%	1.02%	0.39%	0.20%
*WS*3	0.06%	0.83%	1.06%	0.52%
Firmi cutes	0.17%	0.97%	1.08%	0.93%
Chlorobi	0.80%	1.32%	1.36%	0.97%
Nitrospirae	1.57%	1.23%	1.31%	1.60%
Crenarchaeota	1.10%	1.23%	2.03%	0.08%
Verrucomicrobia	1.63%	1.37%	2.05%	1.65%
Cyanobacteria	3.06%	1.40%	2.08%	0.65%
Chloroflexi	3.99%	3.34%	4.44%	4.07%
Actinobacteria	4.63%	4.52%	6.03%	5.56%
Bacteroidetes	5.29%	4.46%	5.31%	7.79%
Gemmatimonadetes	9.73%	11.45%	7.06%	9.12%
Acidobacteria	10.16%	12.44%	8.84%	10.00%
Proteobacteria	52.58%	50.80%	53.07%	52.66%

图 6.7 四个处理土壤细菌群落结构组成门水平上分布

为进一步挖掘重金属污染和生物质炭添加过程中细菌群落的演化，绘制属的水平上热图，用颜色的变化梯度表现物种在四个处理中分布聚集或含量。图 6.8 显示四种处理下的优势菌属分别为 *Geobacter*、*Acinetobacter*、*Nitrospira*、*Anaeromyxobacter*、*Rhodoplane*、*Kaistobacter*、*Comamonas*、*Steroidobacter*、*Treponema*、*Rhodobacter*、*Pedomicrobium*、

Sulfuritalea、*Hydrogenophaga*、*Vibrio*、*Pseudomonas*。这些菌属每个处理总系列均占总数的 8%以上。其中，四个处理组相比较，变形菌门的 *Geobacter*、*Anaeromyxobacter*、*Rhodoplane*、*Kaistobacter*、*Comamonas*、*Steroidobacter*、*Pedomicrobium* 菌属，放线菌门的 *Iamia* 菌属，绿弯菌门的 *Anaerolinea*、*Chloronema* 菌属，拟杆菌门的 *Sphingobacterium* 菌属的相对丰度受 Cd 胁迫降低，生物质炭输入后恢复升高。而酸杆菌门的 *Candidatus Solibacter* 菌属相对丰度在 Cd 污染土壤中升高，生物质炭施入后降低。显而易见，土壤细菌属的分布与门水平上分布具有大致相似的规律。但变形菌门的 *Hydrogenophaga*、*Rubrivivax*、*Citrobacter*、*Methylibium* 菌属和拟杆菌门的 *Haliscomenobacter* 菌属在 B0 组丰度最高，证明重金属 Cd 刺激这些菌属生长。

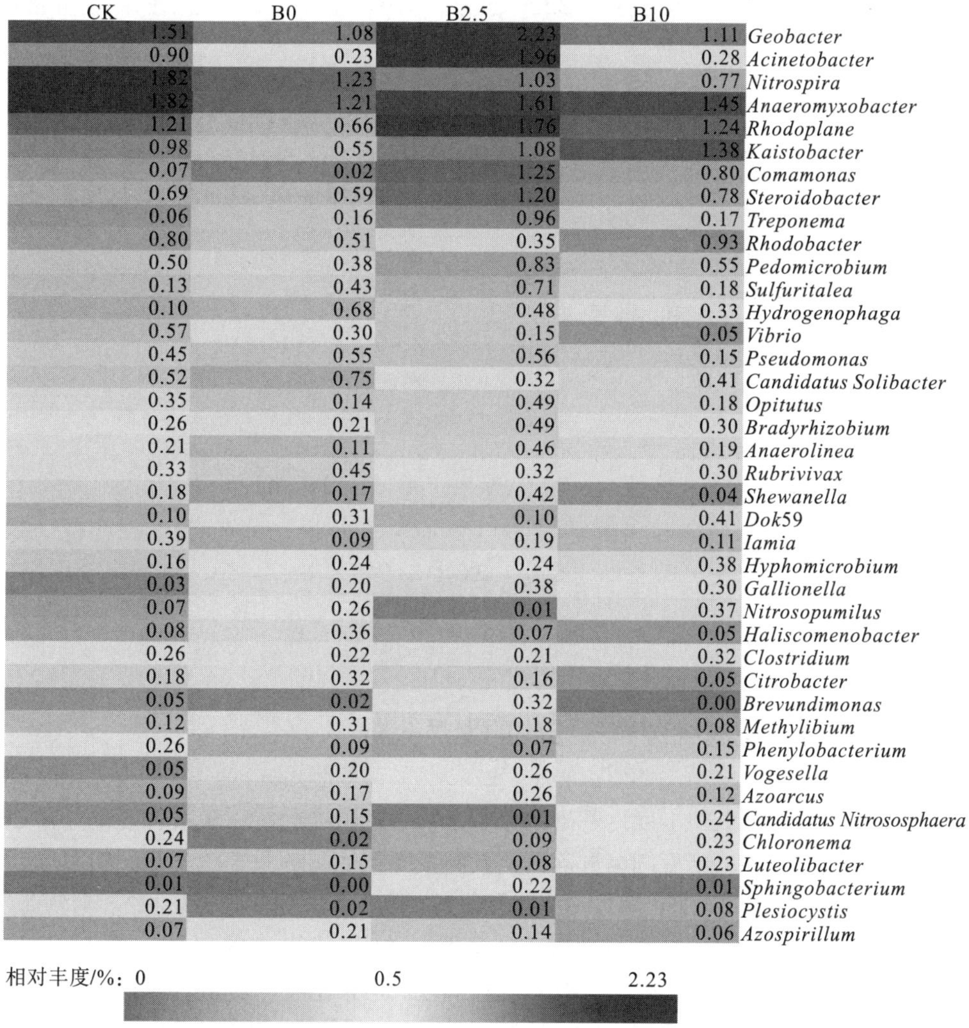

CK	B0	B2.5	B10	
1.51	1.08	2.23	1.11	*Geobacter*
0.90	0.23	1.96	0.28	*Acinetobacter*
1.82	1.23	1.03	0.77	*Nitrospira*
1.82	1.21	1.61	1.45	*Anaeromyxobacter*
1.21	0.66	1.76	1.24	*Rhodoplane*
0.98	0.55	1.08	1.38	*Kaistobacter*
0.07	0.02	1.25	0.80	*Comamonas*
0.69	0.59	1.20	0.78	*Steroidobacter*
0.06	0.16	0.96	0.17	*Treponema*
0.80	0.51	0.35	0.93	*Rhodobacter*
0.50	0.38	0.83	0.55	*Pedomicrobium*
0.13	0.43	0.71	0.18	*Sulfuritalea*
0.10	0.68	0.48	0.33	*Hydrogenophaga*
0.57	0.30	0.15	0.05	*Vibrio*
0.45	0.55	0.56	0.15	*Pseudomonas*
0.52	0.75	0.32	0.41	*Candidatus Solibacter*
0.35	0.14	0.49	0.18	*Opitutus*
0.26	0.21	0.49	0.30	*Bradyrhizobium*
0.21	0.11	0.46	0.19	*Anaerolinea*
0.33	0.45	0.32	0.30	*Rubrivivax*
0.18	0.17	0.42	0.04	*Shewanella*
0.10	0.31	0.10	0.41	*Dok59*
0.39	0.09	0.19	0.11	*Iamia*
0.16	0.24	0.24	0.38	*Hyphomicrobium*
0.03	0.20	0.38	0.30	*Gallionella*
0.07	0.26	0.01	0.37	*Nitrosopumilus*
0.08	0.36	0.07	0.05	*Haliscomenobacter*
0.26	0.22	0.21	0.32	*Clostridium*
0.18	0.32	0.16	0.05	*Citrobacter*
0.05	0.02	0.32	0.00	*Brevundimonas*
0.12	0.31	0.18	0.08	*Methylibium*
0.26	0.09	0.07	0.15	*Phenylobacterium*
0.05	0.20	0.26	0.21	*Vogesella*
0.09	0.17	0.26	0.12	*Azoarcus*
0.05	0.15	0.01	0.24	*Candidatus Nitrososphaera*
0.24	0.02	0.09	0.23	*Chloronema*
0.07	0.15	0.08	0.23	*Luteolibacter*
0.01	0.00	0.22	0.01	*Sphingobacterium*
0.21	0.02	0.01	0.08	*Plesiocystis*
0.07	0.21	0.14	0.06	*Azospirillum*

相对丰度/%：0　　0.5　　2.23

图 6.8　四个处理土壤细菌属水平菌群热图

6.2.5 土壤细菌群落结构的主成分分析

利用主成分分析四个处理下土壤细菌群落结构及组成相似性。如图 6.9 所示，PC1 贡献率为 36.41%，PC2 贡献率为 33.50 %，累积贡献率达 69.91%。图 6.9 中四个处理组坐标位置不同，可知 Cd 的添加和生物质炭的施用都能影响细菌群落结构。CK、B10、B2.5 处理组位于 PC1 的正轴，B0 位于负轴，与另外三个处理组的离散距离最远，可得单施 Cd 与其余的处理土壤细菌的群落结构差异显著。CK 位于 PC2 的正轴，B2.5 位于负轴，B10 置于两者之间。B10 组与 B2.5 组的离散距离较远，相比之下它与 CK 组的离散距离较近，B10 组与 CK 空白对照组群落结构及组成相似度高。综上说明，Cd 污染迫使土壤细菌群落结构及多样性变化，B2.5 处理较 B10 处理对 Cd 胁迫下的细菌群落结构影响显著。

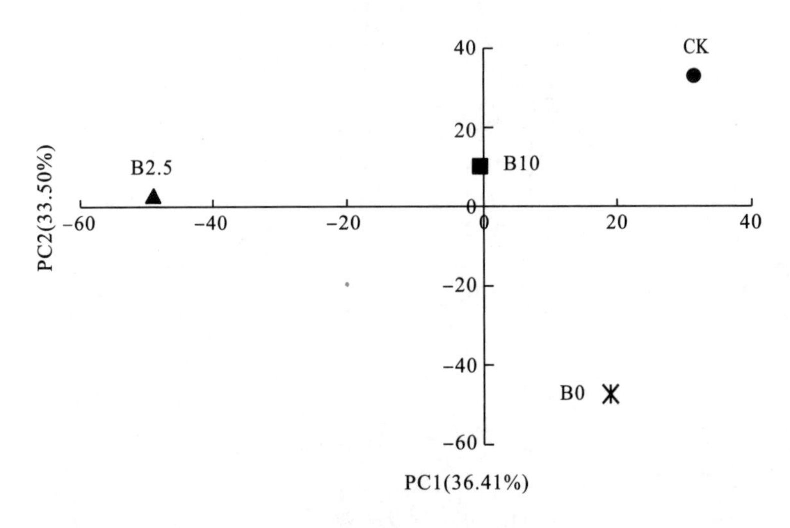

图 6.9 土壤菌群落多样性的主成分分析

6.2.6 不同处理下土壤细菌群落结构的聚类分析

以土壤细菌门水平上的丰度为基础对四个土样进行聚类分析，深入表征重金属 Cd 和不同量生物质炭添加到土壤后细菌群落结构及组成相似性与差异性的关系。由图 6.10 可见，CK 与 B10 首先聚成一类，其次 B0 再聚类到 CK 和 B10 组上，最后 B2.5 聚到前三个聚类组上，表明 B2.5 处理下土壤细菌群落在基因多样性上与其余的三个处理组差异显著，B10 处理组与空白对照组在基因上具有高度相似性。可推出生物质炭对 Cd 污染土壤中细菌基因多样性的恢复起积极作用，B10 处理时具有恢复作用，B2.5 处理时具有提升作用。这印证了土壤细菌群落结构的主成分分析结果。

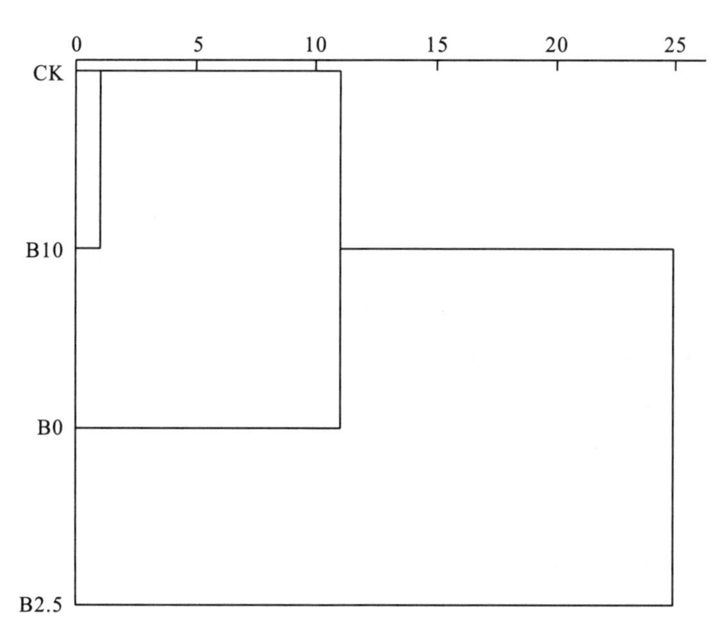

图 6.10　土壤菌群落多样性的聚类分析

6.3 讨　论

6.3.1 生物质炭对镉污染土壤微生物功能多样性的影响

土壤微生物功能多样性在不同处理下变化情况表现出不一致性。本书研究得出，土壤及团聚体中微生物的整体代谢活性、功能多样性指数、碳源利用能力均趋于B2.5>B10>CK>B0，说明重金属 Cd、生物质炭进入土壤后均能改变土壤微生物的代谢模式，但模式差异明显。重金属 Cd 胁迫土壤微生物的代谢功能多样性降低，生物质炭产生恢复提升作用，提升作用随着生物质炭量的增加呈先升后降的反比例关系，施入 2.5 $g\cdot kg^{-1}$ 生物质炭不仅起到恢复作用，更大程度上还可以提升功能多样性。土壤微生物功能多样性因外源重金属毒害降低(张倩 等，2016)，石灰、磷石、木炭等改良剂(崔红标 等，2016)，改良剂-植物联合(杜瑞英 等，2011)施用对土壤微生物群落代谢功能多样性恢复起到一定的积极效应，这印证了本书功能多样性的研究结论。近期有研究表明，大部分生物质炭不能被作为土壤微生物可利用的碳源底物(Maestrini et al.，2014)。实际上，除 C 组分外，N、P、K、Ca、Mg 等也为生物质炭营养组分，同时因具有巨大比表面积和孔隙结构，物理空间结构大。所以，生物质炭为土壤微生物提供了宜居的营养环境和生存栖息微场所，增加微生物数量丰度，代谢功能多样性提高。华建峰等(2013)、张宇宁等(2010)研究显示，土壤微生物的代谢功能多样性随着土壤中有机质、N、P、K 等营养物质含量增加及 pH 的提高而明显上升。秸秆生物质炭能够显著提高南方红壤中的 pH，CEC，有机质及 N、P、K 等理化因子(杜衍红 等，2016)。因此，生物质炭可通过改善土壤理化性质提升微生物代谢功能多样性。李传飞等(2017)研究发现，重金属 Cd 因土壤理化性质不同而表现出差异，随着土壤中有机质含量、pH、CEC的升高，有效态Cd含量显著下降。生物质炭可提高有机质和pH为媒介影响铅的形态，有效态铅及生物有效性从而降低(王鹤，2013)。由此可知，生物质炭以土壤理化性质为媒介，改变Cd迁移转化行为，此外，生物质炭还可借助吸附、络合等多种形式消减Cd，降低生物有效性。因而，生物质炭亦通过消减重金属Cd，缓解胁迫作用，从而保护土壤微生物，达到提升代谢功能多样性的目的。综上所述，Cd污染土壤微生物功能多样性在生物质炭用量超过一定限度后呈负相关，可能是直接和间接两方面原因所致。一方面，以小麦秸秆为生物质原料加之特有的制备条件和温度所炭化的生物质炭，2.5 $g·kg^{-1}$低用量较10 $g·kg^{-1}$高用量，更能为土壤微生物提供适宜的营养环境和栖息微场所，微生物数量丰度上升也更显著；另一方面，本书供试土壤为红壤，呈酸性，较贫瘠。2.5 $g·kg^{-1}$低用量生物质炭可更有效改善土壤理化因子、抑制重金属Cd，提高微生物保护效应。尚艺婕等(2015)实验表明，不同程度Cd污染土壤中脲酶对生物质炭的反应灵敏，氧化还原酶最高值出现在生物质炭用量为2.5 $g·kg^{-1}$时。因此，生物质炭提升Cd胁迫条件下的微生物功能多样性是多因素交互作用的结果，生物质炭用量并不是唯一的制约因素，其还受土壤类型及质地、作物类型、重金属背景值、酶活性等因素的控制。

6.3.2 生物质炭对镉污染土壤微生物遗传多样性的影响

细菌在土壤中分布广泛且种类繁多，其占土壤微生物总量的70%～90%。本书研究显示，土壤细菌遗传多样性变化情况在不同处理下同样表现出差异性。稀释曲线，遗传多样性指数，细菌门、属水平上的丰度，主成分及聚类多层次分析表明，土壤中细菌遗传多样性趋于B2.5>B10>CK>B0，团聚体趋于B2.5>B0。可知，土壤细菌遗传多样性受Cd胁迫降低，生物质炭具恢复提升效应。土壤中2.5 $g·kg^{-1}$生物质炭用量下提升效果显著，因此后续团聚体中只对该组及Cd污染组微生物遗传多样性进行对比分析。土壤细菌遗传多样性在Cd毒害条件下降低，降低程度与Cd含量呈反比(江玉梅 等，2016)，植物修复土壤重金属污染提升细菌群落的遗传多样性，且土壤pH、含水量、有机质、有机碳及全磷是污染修复的主要理化制约因子(陈熙 等，2016)。由此可知，土壤细菌遗传多样性的变化与土壤理化性质紧密相关。朱珣之等(2015)研究证实土壤中细菌种遗传多样性随着pH、有机质、氮、磷、钾等土壤理化性质、土壤脲酶、氧化还原酶活性变化而变化。这表明，生物质炭对Cd胁迫细菌遗传多样性的影响机制与上述代谢功能多样性一致。生物质炭亦通过直接和间接两个方面束缚细菌遗传多样性的变化，即一方面为土壤细菌提供宜居的生存微环境，另一方面改善土壤理化性质、消减Cd。由于2.5 $g·kg^{-1}$生物质炭用量以上两方面效果更突出，细菌遗传多样性显著提升。

6.4 结　论

(1) 2.5 $mg·kg^{-1}$轻中度Cd污染条件下，生物质炭施用恢复、提升了土壤微生物功能多样性、细菌遗传多样性，施用10 $g·kg^{-1}$生物质炭时恢复效应显著，施用2.5 $g·kg^{-1}$生物质炭时提升效应显著。土壤微生物群落均一度及丰富度变化显著，群落常见物种和多样性变化幅度小。

(2) 土壤中的细菌优势菌门为变形菌门、酸杆菌门、芽单胞菌门、拟杆菌门、放线菌门、绿弯菌门、蓝藻门，优势菌属为 *Geobacter*、*Acinetobacter*、*Nitrospira*、*Anaeromyxobacter*、*Rhodoplane* 等 15 种。变形菌门、放线菌门、绿弯菌门、拟杆菌门的相对丰度生物质炭施用后提高，酸杆菌门、芽单胞菌门降低，*Hydrogenophaga*、*Rubrivivax*、*Citrobacter*、*Methylibium*、*Haliscomenobacter* 对 Cd 具有偏嗜性。土壤团聚体中优势菌门为变形菌门、酸杆菌门、芽单胞菌门、放线菌门、绿弯菌门、拟杆菌门、厚壁菌门，优势菌属为 *Bacteroides*、*Sphingomonas*、*Anaeromyxobacter*、*Gaiella* 等 15 种。

参 考 文 献

陈熙，刘以珍，李金前，等，2016. 稀土尾矿土壤细菌群落结构对植被修复的响应. 生态学报，36(13)：3943-3950.

崔红标，范玉超，周静，等，2016. 改良剂对土壤铜镉有效性和微生物群落结构的影响. 中国环境科学，36(1)：197-205.

杜瑞英，柏珺，王诗忠，等，2011. 多金属污染土壤中微生物群落功能对麻疯树-化学联合修复的响应. 环境科学学报，31(3)：575-582.

杜衍红，蒋恩臣，王明峰，等，2016 稻壳炭对红壤理化特性及芥菜生长的影响. 土壤，48(6)：1159-1165.

华建峰，林先贵，蒋倩，等，2013. 砷矿区农田土壤微生物群落碳源代谢多样性. 应用生态学报，24(2)：473-480.

江玉梅，张晨，黄小兰，等，2016. 重金属污染对鄱阳湖底泥微生物群落结构的影响. 中国环境科学，36(11)：3475-3486.

李传飞，李廷轩，张锡洲，等，2017. 外源镉在几种典型农耕土壤中的稳定化特征. 农业环境科学学报，36(1)：85-92.

尚艺婕，王海波，史静，2015. 外加镉处理下秸秆生物质炭对土壤酶活性的影响. 农业资源与环境学报，32(1)：20-25.

田雅楠，王红旗，2011. Biolog 法在环境微生物功能多样性研究中的应用. 环境科学与技术，34(3)：50-57.

王鹤，2013. 施用硅酸盐和生物炭对土壤铅形态与含量的影响. 农业科技与装备，(4)：10-12.

张倩，陈晓明，董发勤，等，2016. 外源铀胁迫对铀矿区土壤微生物群落的影响. 安全与环境学报，16(2)：382-386.

张宇宁，梁玉婷，李广贺，2010. 油田土壤微生物群落碳代谢与理化因子关系研究. 中国环境科学，30(12)：1639-1644.

朱珣之，李强，李扬苹，等，2015. 紫茎泽兰入侵对土壤细菌的群落组成和多样性的影响. 生物多样性，23(5)：665-672.

Atlas R M，1984. Diversity of microbial communities//Advances in microbial ecology. Springer US：1-47.

Maestrini B，Herrmann A M，Nannipieri P，et al.，2014. Ryegrass-derived pyrogenic organic matter changes organic carbon and nitrogen mineralization in a temperate forest soil. Soil Biology & Biochemistry，69：291-301.

Preston-Mafham J，Boddy L，Randerson P F，2002. Analysis of microbial community functional diversity using sole-carbon-source utilisation profiles–a critique. FEMS Microbiology Ecology，42(1)：1-14.

第7章　生物质炭对镉污染土壤团聚体微生物多样性的影响

7.1　生物质炭对土壤团聚体微生物功能多样性的影响

7.1.1　土壤团聚体微生物群落活性的变化

土壤微生物的整体代谢活性因外源物质和土壤粒级的不同而体现出差异性。由图 7.1 可知，随着温育时间推移，AWCD 整体呈上升态势，土壤微生物代谢活性随之升高。AWCD 在 24 h 之前上升得不明显，24～120 h 快速上升，120 h 之后上升速度减缓，土壤微生物代谢活性在 24～120 h 最高。各粒径团聚体中四种处理的微生物代谢活性都表现为 B2.5>B10>CK>B0 的规律，Cd 污染抑制土壤微生物代谢活性，不同量生物质炭施入后，微生物代谢活性先上升再下降，均为提升作用，提升最显著是 2.5 $g·kg^{-1}$ 生物质炭用量。土壤团聚体粒级差异导致碳源代谢能力强弱有别，从弱到强依次为：0.25～0.5 mm 团聚体(5.00)、0.5～1 mm 团聚体(6.26)、2～5 mm 团聚体(8.50)、<0.25 mm 团聚体(10.18)、1～2 mm 团聚体(10.42)。土壤微生物高代谢活性出现在 1～2 mm 与<0.25 mm 两个团聚体中，其中 1～2 mm 团聚体中尤其突出。纵观五个团聚体，<0.25 mm 的微团聚体中 B0 处理组较另外三个组 AWCD 增长最缓慢，微生物代谢活性差异明显。

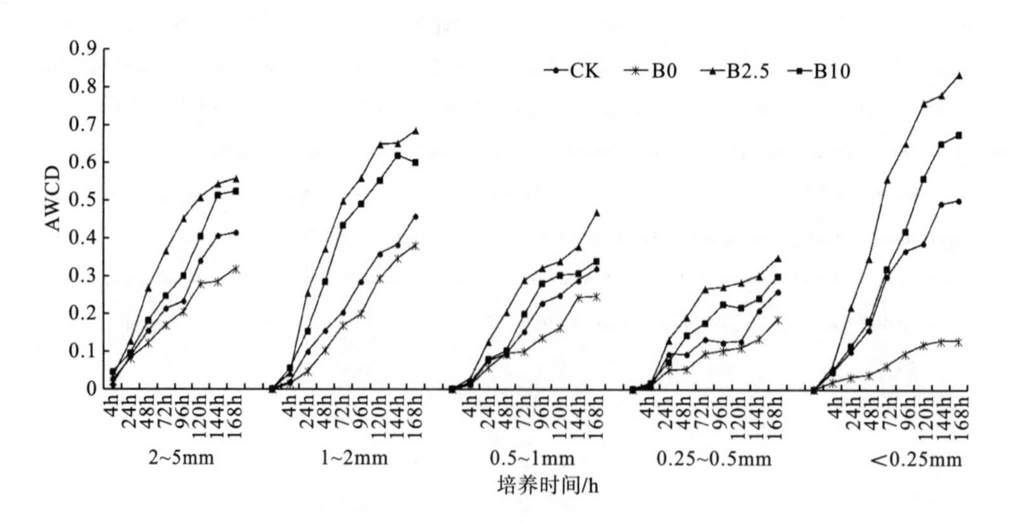

图 7.1　四种处理下培养期内各团聚体中土壤微生物 AWCD 变化

7.1.2　土壤团聚体微生物多样性指数的变化

从表 7.1 可以看出，各粒径团聚体中微生物的 Shannon 指数、Simpson 指数、McIntosh 指数三种多样性指数均呈现 B2.5>B10>CK>B0 的规律。方差分析也显示，添加生物质炭的两个处理组与单加 Cd 对照处理组之间差异显著，且其多样性指数较高，表明生物质炭的施入对微生物的多样性具有提升作用，B2.5 处理组的作用效果尤为显著。各处理下三种多样性指数值均在 2～5 mm、1～2 mm、<0.25 mm 粒径团聚体中高，0.5～1 mm、0.25～0.5 mm 粒径团聚体中较低。由此可知，随着团聚体粒径的减小，生物质炭对 Cd 污染土壤中微生物多样性的提升作用波动上升，作用效应在<0.25 mm 微团聚体中最显著。生物质炭对 Cd 胁迫下微生物群落物种的均一度变化明显，群落物种的丰富度也得到一定的提升。

表 7.1　四种处理下各团聚体微生物群落功能多样性

	处理	不同粒径团聚体				
		2～5 mm	1～2 mm	0.5～1 mm	0.25～0.5 mm	<0.25 mm
Shannon 指数	CK	1.63±0.06^{b}	1.71±0.07^{b}	1.36±0.02^{c}	1.37±0.03^{c}	1.44±0.01^{b}
	B0	1.32±0.01^{c}	1.13±0.01^{c}	1.04±0.03^{c}	1.08±0.01^{d}	0.80±0.06^{c}
	B2.5	1.70±0.12^{b}	1.82±0.02^{b}	1.65±0.07^{a}	1.56±0.01^{a}	1.94±0.01^{a}
	B10	1.59±0.10^{b}	1.76±0.04^{b}	1.53±0.13^{ab}	1.51±0.02^{b}	1.76±0.15^{a}
Simpson 指数	CK	0.94±0.02^{c}	0.84±0.02^{c}	0.77±0.00^{b}	0.71±0.01^{b}	0.98±0.06^{b}
	B0	0.90±0.03^{c}	0.72±0.02^{c}	0.63±0.03^{c}	0.59±0.02^{c}	0.59±0.07^{c}
	B2.5	1.22±0.01^{a}	1.04±0.02^{a}	0.92±0.04^{a}	0.88±0.03^{b}	1.03±0.14^{b}
	B10	1.02±0.00^{b}	0.92±0.01^{b}	0.84±0.07^{ab}	0.82±0.09^{b}	1.02±0.14^{b}
McIntosh 指数	CK	4.26±0.10^{b}	3.93±0.03^{b}	2.25±0.21^{bc}	2.72±0.11^{b}	4.41±0.11^{b}
	B0	3.84±0.29^{c}	2.64±0.07^{c}	1.79±0.04^{c}	1.67±0.20^{c}	2.59±0.08^{c}
	B2.5	5.81±0.01^{a}	5.64±0.07^{a}	3.48±0.04^{b}	3.24±0.25^{b}	6.42±0.44^{a}
	B10	4.38±0.05^{b}	4.20±0.28^{b}	3.22±0.87^{b}	2.93±0.52^{b}	5.78±0.09^{a}

注：表中数据为平均值±标准差。每列数据后面不同字母表示差异显著水平（$P<0.05$）。

7.1.3　土壤团聚体微生物碳源利用特征变化

图 7.2 显示，土壤微生物对碳源化合物的利用能力在 Cd 毒害下变弱，添加生物质炭使微生物碳源利用能力恢复，恢复效果最明显的是 2.5 g·kg^{-1} 添加量。1～5 mm、<0.25 mm 粒径团聚体中土壤微生物六类碳源利用能力最强，0.25～1 mm 中利用能力最弱。

土壤微生物六大类碳源代谢强度从小到大依次为：胺类、羧酸类、氨基酸类、糖类、其他类、聚合物类。其中，两个生物质炭与单加 Cd 的 B0 组微生物碳源利用能力相比，其他类与其相等，氨基酸类是其 2 倍，羧酸类、糖类、聚合物类三类化合物都是其 3 倍，胺类是其 4 倍。可知，其他类除外的五类化合物利用能力被生物质炭大幅提升，相反，其他类化合物微生物利用能力在 Cd 刺激下增强。Cd 胁迫下生物质炭选择性地提升六大类碳源化合物的微生物利用能力，<0.25 mm 团聚体生物质炭添加其他类利用能力与 B0 组相等，氨基酸类、聚合物类均是其 3 倍，羧酸类、糖类都是其 4 倍，胺类是其 6 倍，高于六类碳源化合物提升的平均水平，生物质炭对微生物碳源化合物利用率在<0.25 mm 粒径团聚体中明显提升。

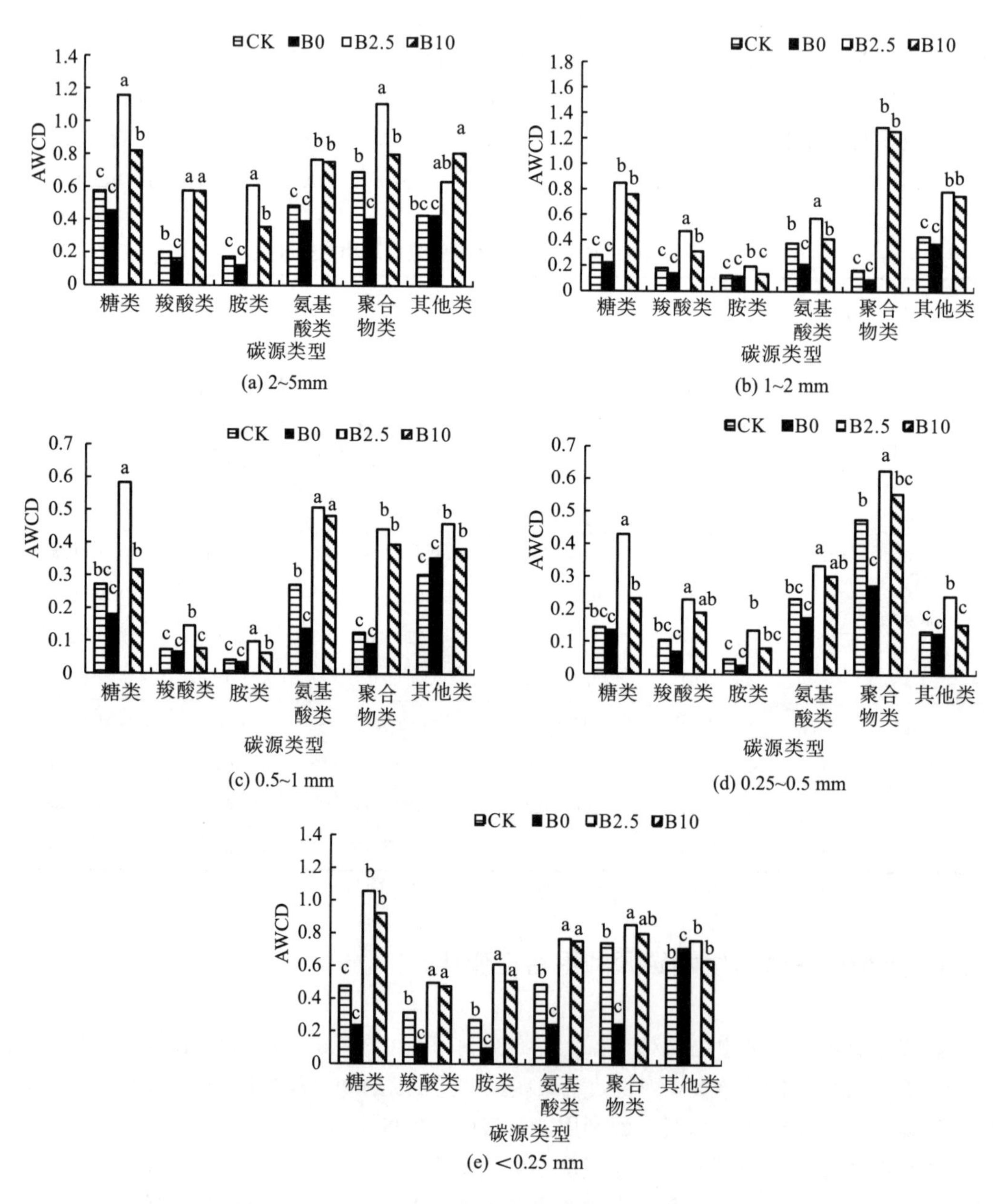

图 7.2 四种处理下各团聚体土壤微生物对六类化合物的利用

注：同一类化合物下，不同处理间字母不同表示差异达到显著水平($P<0.05$)。

7.1.4　土壤团聚体微生物碳源利用特征主成分分析

从各个团聚体 31 类碳源中提取出有关碳源微生物利用的主成分都超过 7 个，累积方差贡献率均在 90%以上。以 PC1、PC2 做图深度剖析外源物质和土壤粒级差异下土壤微生物碳源利用能力的情况。

四个处理在 PC 轴上坐标位置随土壤粒级的变化而变化，具体变化情况如图 7.3 所示。0.25～0.5 mm 土壤团聚体 B0 和 CK 两个处理组直线距离近，B0 与 CK 空白组的碳源利用能力相似，而<0.25 mm 团聚中 B0 与另外三个处理组直线距离都远，说明 B0 与它们之间碳源利用能力差异显著。其余粒径团聚体中，B0 与 B2.5、B10 的距离亦远，表明 Cd 毒害下土壤微生物碳源利用能力减弱，生物质炭的施入可不同程度地提升其利用能力。

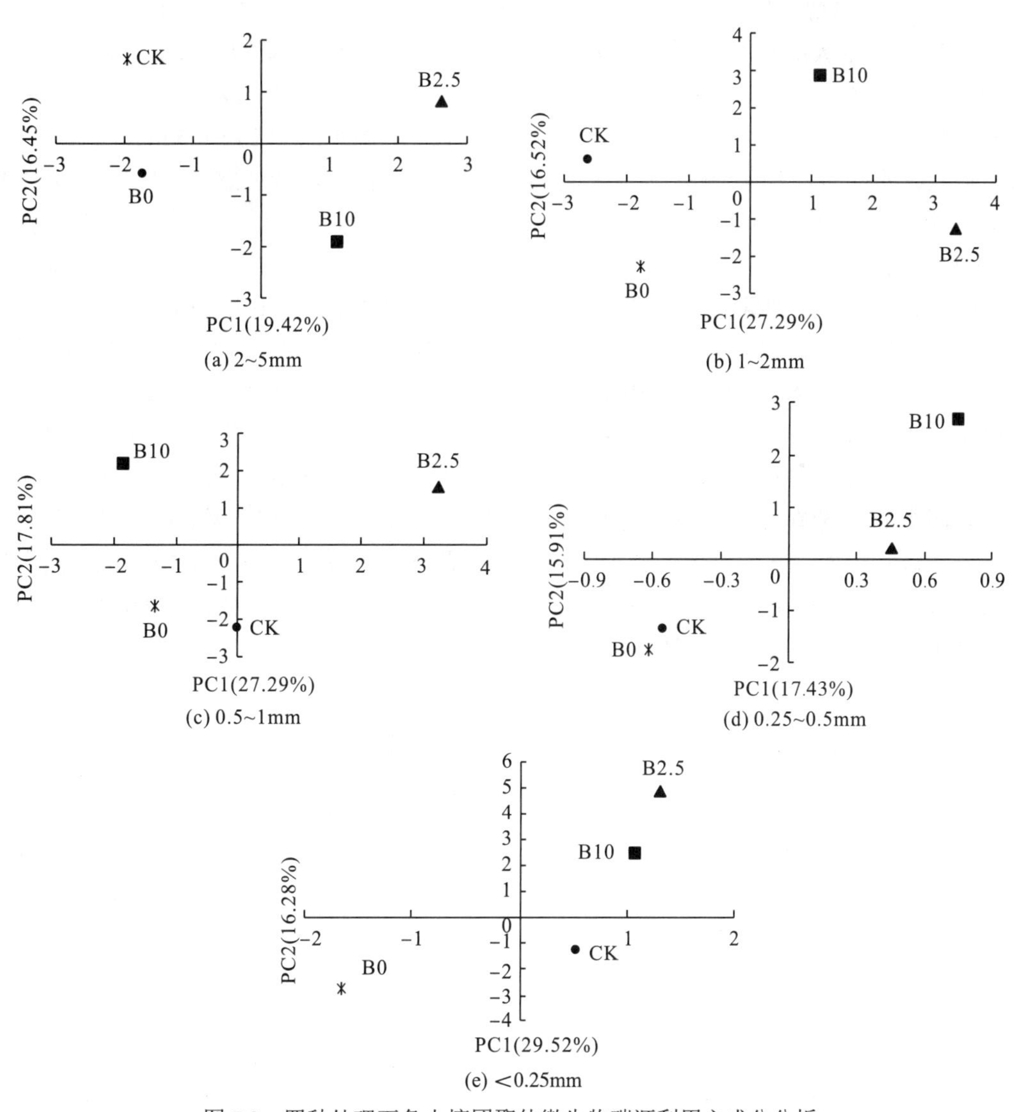

图 7.3　四种处理下各土壤团聚体微生物碳源利用主成分分析

表 7.2 显示，2～5 mm 团聚体中 r-羟丁酸、衣康酸、a-丁酮酸、i-赤藓糖醇、a-D-乳糖、1-磷酸葡萄糖、L-苯丙氨酸对 PC1 贡献大。对 PC2 贡献大的有 D-木糖-戊醛糖、4-羟基苯甲酸、腐胺、D,L-a-磷酸甘油。羧酸类、糖类两类化合物的碳源类型在两个主成分中数量占比大。两个主成分占总变异的 35.87%，因而四个处理对这两类化合物利用程度差异大。1～2 mm 团聚体中，β-甲基-D-葡萄糖苷、D-甘露醇、N-乙酰-D 葡萄糖氨、D-纤维二糖、吐温 40、吐温 80、a-环式糊精、肝糖、r-羟丁酸、D-苹果酸、L-精氨酸、甘氨酰-L-谷氨酸、腐胺、1-磷酸葡萄糖对 PC1 贡献大。β-甲基-D-葡萄糖苷、a-D-乳糖、吐温 40、肝糖、L-天门冬酰胺、L-苏氨酸、苯乙胺对 PC2 贡献大。两个主成分占总变异的 43.81%，聚合物类、糖类、氨基酸类碳源化合物两个主成分中数量占比大导致四个处理碳源利用差异明显，而聚合物类 4 类全部碳源均对两个主成分贡献突出，是差异产生的主控因子。0.5～1 mm 团聚体中，对 PC1 贡献大的有 D-半乳糖酸 r 内酯、2-羟基苯甲酸、4-羟基苯甲酸、r-羟丁酸、i-赤藓糖醇、L-精氨酸、L-天门冬酰胺、L-苏氨酸、D-甘露醇、D-纤维二糖、肝糖。对 PC2 贡献大的有 D-半乳糖酸 r 内酯、D-半乳糖醛酸、衣康酸、L-精氨酸、甘氨酰-L-谷氨酸、苯乙胺。两个主成分占总变异的 37.56%，其中碳源类型数量占比大的是羧酸、氨基酸两类化合物，为四个处理碳源利用差异显著的关键因子。0.25～0.5 mm 团聚中，对 PC1 贡献大的有 2-羟基苯甲酸、a-丁酮酸、D-木糖-戊醛糖、i-赤藓糖醇、苯乙胺、吐温 80。对 PC2 贡献大的有 D-半乳糖酸 r 内酯、D-半乳糖醛酸、吐温 40、吐温 80、1-磷酸葡萄糖、D,L-a-磷酸甘油。两个主成分占总变异的 33.34%，羧酸类、聚合物类化合物碳源数量占比大，因而导致四个处理碳源利用差异显著；<0.25 mm 团聚体中，β-甲基-D-葡萄糖苷、D-甘露醇、D-纤维二糖、a-D-乳糖、D-半乳糖醛酸、4-羟基苯甲酸、D-苹果酸、L-精氨酸、L-丝氨酸、L-苏氨酸、吐温 40、丙酮酸甲酯对 PC1 贡献大。i-赤藓糖醇、D-甘露醇、N-乙酰-D 葡萄糖氨、D-纤维二糖、a-D-乳糖、D-半乳糖酸 r 内酯、a-丁酮酸对 PC2 贡献大。两个主成分占总变异的 45.80%，碳源数量占比大的是糖类、羧酸类化合物，这两个化合物亦是四个处理碳源利用差异明显的主要影响因素。由上可知，羧酸类、糖类导致四个处理之间碳源利用能力差异显著。各土壤团聚体主成分坐标轴上，B0 与 B2.5、B10 两个生物质炭处理组之间分异最明显，因而，羧酸类和糖类是生物质炭处理组与单施 Cd 处理组碳源利用能力差异显著的主要碳源因子。

表 7.2 土壤微生物代谢 31 种碳源主成分分析

碳源类型		2～5mm		1～2mm		0.5～1mm		0.25～0.5mm		<0.25mm	
		PC1	PC2	PC1	PC2	PC1	PC2	PC1	PC2	PC1	PC2
糖类	β-甲基-D-葡萄糖苷	−0.58	0.22	0.57	0.61	−0.12	−0.14	−0.68	0.13	0.56	0.17
	D-木糖-戊醛糖	0.20	0.51	−0.23	0.12	−0.38	0.37	0.55	−0.02	0.10	−0.68
	i-赤藓糖醇	0.58	0.04	−0.56	0.46	0.87	0.08	0.65	−0.18	−0.12	0.86
	D-甘露醇	−0.12	0.22	0.61	0.02	0.67	−0.09	−0.66	−0.03	0.73	0.71
	N-乙酰-D 葡萄糖氨	0.20	0.21	0.50	0.23	0.07	−0.65	0.18	0.35	−0.10	0.68
	D-纤维二糖	0.00	−0.17	0.84	0.31	0.63	−0.11	−0.13	−0.12	0.83	0.61
	a-D-乳糖	0.52	0.06	0.21	0.73	0.24	−0.27	−0.24	0.43	0.75	0.23

续表

碳源类型		2～5mm		1～2mm		0.5～1mm		0.25～0.5mm		<0.25mm	
		PC1	PC2	PC1	PC2	PC1	PC2	PC1	PC2	PC1	PC2
羧酸类	D-半乳糖酸 r 内酯	0.46	0.12	0.43	−0.55	0.54	0.68	0.23	0.66	−0.25	0.77
	D-半乳糖醛酸	0.06	0.17	0.23	−0.03	−0.57	0.55	0.25	0.60	0.54	0.49
	2-羟基苯甲酸	0.43	0.45	−0.19	0.28	0.76	0.27	0.51	−0.53	0.27	−0.20
	4-羟基苯甲酸	0.25	0.62	−0.09	−0.27	0.70	−0.10	−0.67	0.07	0.96	−0.36
	r-羟丁酸	0.70	−0.03	0.53	−0.32	0.55	−0.17	0.03	0.22	0.44	−0.01
	衣康酸	0.81	0.04	0.45	−0.12	−0.42	0.81	0.41	−0.14	−0.16	−0.05
	a-丁酮酸	0.90	−0.08	−0.48	0.32	0.12	−0.21	0.63	−0.18	0.31	0.61
	D-苹果酸	0.42	0.12	0.56	−0.21	0.36	0.30	0.29	−0.36	0.63	−0.07
	D-葡萄胺酸	0.27	−0.89	−0.39	0.07	0.07	−0.33	0.28	0.04	0.19	0.47
胺类	苯乙胺	0.77	−0.11	−0.32	0.64	−0.09	0.72	0.51	−0.06	0.33	0.43
	腐胺	−0.17	0.66	0.84	0.10	0.11	−0.41	−0.42	−0.11	0.47	−0.41
氨基酸类	L-精氨酸	−0.19	0.15	0.72	0.33	0.50	0.70	0.34	0.07	0.91	−0.13
	L-天门冬酰胺	0.26	0.45	−0.33	0.68	0.82	0.08	−0.11	0.19	−0.10	0.44
	L-苯丙氨酸	0.65	0.18	−0.35	−0.40	−0.12	0.05	0.02	0.44	0.23	−0.24
	L-丝氨酸	−0.24	0.31	0.46	−0.07	0.03	−0.18	−0.13	0.11	0.70	0.04
	L-苏氨酸	0.30	0.43	−0.24	0.78	0.54	−0.10	0.28	−0.56	0.60	0.24
	甘氨酰-L-谷氨酸	−0.25	0.01	0.58	−0.54	0.18	0.55	−0.57	0.43	−0.67	0.18
聚合物类	吐温 40	0.00	−0.64	0.66	0.60	−0.32	0.46	−0.01	0.85	0.53	−0.02
	吐温 80	−0.03	−0.73	0.85	0.19	0.30	0.44	0.57	0.66	0.01	0.24
	a-环式糊精	0.32	−0.59	0.77	−0.20	0.13	−0.32	0.36	0.10	0.24	−0.02
	肝糖	−0.78	0.49	0.50	0.66	0.66	0.36	−0.77	−0.35	0.37	−0.45
其他类	丙酮酸甲酯	0.05	−0.26	0.46	−0.08	−0.20	0.49	0.36	0.15	0.79	0.03
	1-磷酸葡萄糖	0.54	0.43	0.79	−0.23	−0.07	−0.45	0.25	0.71	−0.47	0.13
	D,L-a-磷酸甘油	0.07	0.51	0.45	0.38	−0.20	−0.43	0.04	0.83	0.34	−0.27

7.2　生物质炭对土壤团聚体微生物遗传多样性影响

前文已述，重金属 Cd 毒害作用下土壤及团聚体中微生物功能多样性降低，生物质炭施入后具有一定的恢复提升效应，但施加 10 g·kg^{-1} 生物质炭用量与空白对照土壤微生物群落结构及多样性相似，与 2.5 g·kg^{-1} 生物质炭施用量比较，提升效果不显著。因此，仅选取 B0、B2.5 两个处理组探究 Cd 污染土壤团聚体中细菌遗传多样性的变化趋势及规律。

7.2.1　土壤团聚体总 DNA 浓度与 PCR 产物检测

两种处理下土壤各团聚体提取的总 DNA 琼脂糖凝胶电泳如图 7.4 所示，不同处理下土壤总 DNA 条带均在 23bp 左右，位置正确，条带整齐、清晰，DNA 产量丰富，纯度高，符合后续 PCR 扩增的要求。

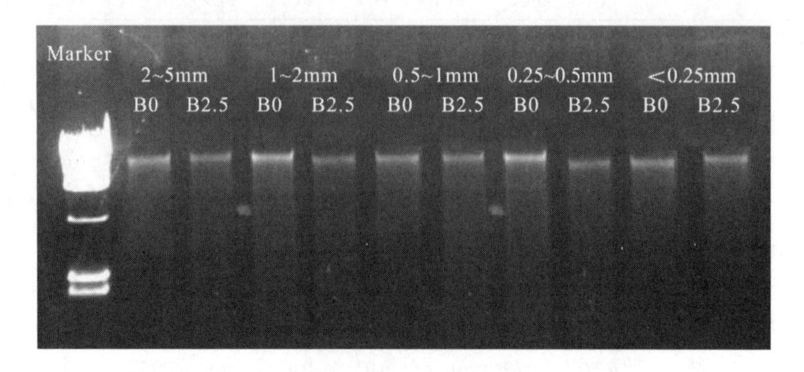

图 7.4 两个处理下各团聚体土壤总 DNA 电泳

图 7.5 显示了各土壤团聚体中 PCR 扩增产物检测结果，PCR 扩增产物电泳条带在 400bp 左右，为 V3～V4 区的目标条带且条带整齐、清晰，说明 16rDNA 的 V3～V4 区扩增效果好，切胶收割纯化进行后续的测序工作。

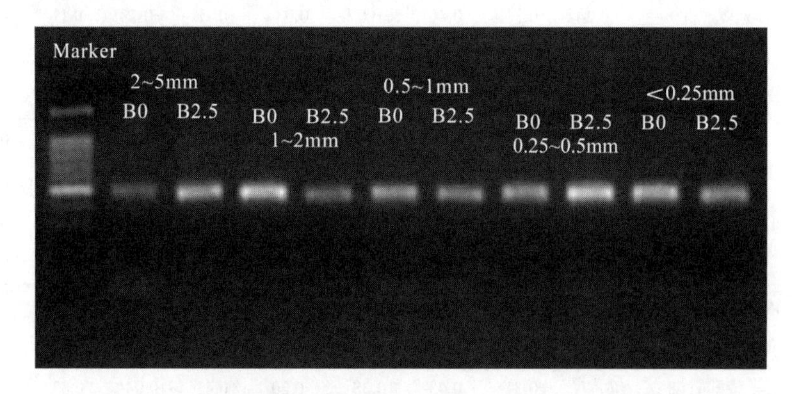

图 7.5 两个处理下各团聚体土壤细菌 PCR 扩增产物电泳

7.2.2 土壤团聚体测序结果及合理性分析

分析表 7.3 各团聚体中两个土样 V3～V4 区测序结果，测序所得原始序列共有 676658 条，过滤完低质量序列和嵌合体后，剩余 570504 条有效序列，每个土样平均约 570504 条有效序列。聚类共产生 32960 个 OTUs，每个样平均约 3296 个 OTUs。

表 7.3 两个处理下各团聚体土样测序数据统计

	处理	不同粒径团聚体				
		2～5 mm	1～2 mm	0.5～1 mm	0.25～0.5 mm	<0.25 mm
原始序列数/条	B0	72864	63561	64342	62192	69270
	B2.5	70022	73828	64322	65166	71091

续表

	处理	不同粒径团聚体				
		2～5 mm	1～2 mm	0.5～1 mm	0.25～0.5 mm	<0.25 mm
有效序列数/条	B0	61532	53340	54339	52484	58563
	B2.5	59400	62223	53572	55166	59885
OUTs 数量/个	B0	2966	3229	3222	3233	3281
	B2.5	3310	3333	3442	3452	3492

不同粒级团聚体下两个土样稀释曲线变化趋势如图 7.6 所示，不同样品的稀释性曲线随着随机抽取系列数量的增加先快速上升，后逐渐趋于平稳，表明现有的测序数据量覆盖了样品中大量物种(OTUs)，几乎能反映土样中细菌基因组成与多样性，测序趋于合理。各团聚体中生物质炭处理组的土壤细菌物种丰富度高于 Cd 处理组，生物质炭添加组丰富度五个团聚体从大到小依次为：1～2 mm、<0.25 mm、0.5～1 mm、2～5 mm、0.25～0.5 mm。Cd 施加组为：2～5 mm、1～2 mm、<0.25 mm、0.5～1 mm、0.25～0.5 mm。整体分析可知，1～2 mm、<0.25 mm 团聚体中物种丰富度高，0.25～0.5 mm 中最低。

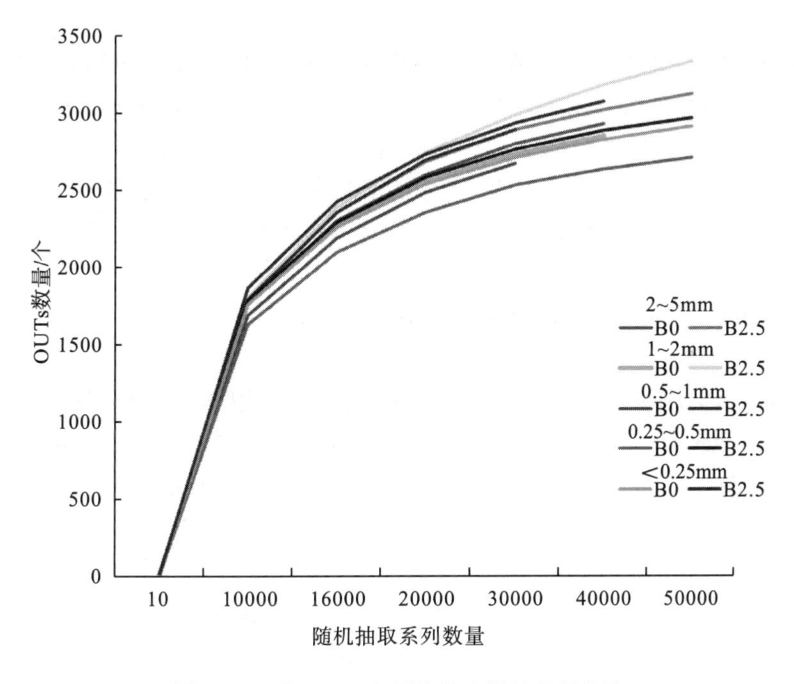

图 7.6　两个处理下各团聚体土样的稀释曲线

7.2.3　土壤团聚体细菌多样性的变化

表 7.4 显示不同粒级团聚体中土壤细菌 Alpha 多样性指数变化。不同处理下土壤细菌种群除 Simpson 指数变化不明显外，细菌群落丰度的 ACE 指数和 Chao1 指数，以及群落多样性的 Shannon 指数 B2.5 处理组均高于 B0 处理组。生物质炭组与单加 Cd 组比较，ACE 指数、Chao1 指数、Shannon 指数、Simpson 指数分别提高了 52.30%、55.64%、2.02%、0.10%，

表明生物质炭对 Cd 胁迫土壤中细菌种群的丰富度、多样性有不同程度的提升作用，前者大于后者。不同粒径团聚体两个土样测序的覆盖率高，Coverage 指数均在 99%以上，能够体现土壤中细菌变动的真实情况，相似于稀释曲线的研究结果，测序合理。

表 7.4 两个处理下土壤团聚体细菌 Alpha 多样性指数

	处理	不同粒径团聚体				
		2～5 mm	1～2 mm	0.5～1 mm	0.25～0.5 mm	<0.25 mm
ACE 指数	B0	3219.85	3172.28	3155.27	2913.61	3240.31
	B2.5	3423.41	3983.32	3248.53	3300.12	3429.77
Chao1 指数	B0	32203.03	3162.24	3009.51	2885.87	3214.29
	B2.5	34026.70	3826.61	3314.15	3284.00	3405.62
Shannon 指数	B0	9.86	9.85	9.84	9.69	9.75
	B2.5	9.99	9.91	9.86	9.83	10.02
Simpson 指数	B0	0.997	0.997	0.997	0.997	0.997
	B2.5	0.997	0.997	0.997	0.997	0.998
Coverage 指数	B0	0.99	0.99	0.99	0.99	0.99
	B2.5	0.99	0.98	0.99	0.99	0.99

随着土壤团聚体粒径的增大，ACE 指数占比分别为：20.08%、21.63%、19.35%、18.78%、20.16%；Chao1 指数占比分别为：20.25%、21.35%、19.32%、18.85%、20.22%；Shannon 指数占比依次为：20.13%、20.04%、19.98%、19.80%、20.05%。以上三种指数<0.25 mm、0.25～0.5 mm、团聚体占比在 20%以上，土壤细菌的物种丰富度、群落多样性高，0.25～1 mm 团聚体占比在 20%以下，细菌物种丰富度、群落多样性低。

7.2.4 土壤团聚体细菌群落结构及组成的变化

由图 7.7 可得，各粒径团聚体两个土样中的优势菌门为变形菌门(Proteobacteria)、酸杆菌门(Acidobacteria)、芽单胞菌门(Gemmatimonadetes)、放线菌门(Actinobacteria)、绿弯菌门(Chloroflexi)、拟杆菌门(Bacteroidetes)、厚壁菌门(Firmicutes)，这几类菌门的序列数之和占总数的 81%以上，变形菌门占 40%以上，仍保持绝对优势地位。不同处理下各优势菌门有一定的规律可循，变形菌门、放线菌门两个处理表现为 B2.5>B0 的规律，而酸杆菌门、芽单胞菌门、拟杆菌门恰好呈相反的规律，即 B0>B2.5。绿弯菌门较特殊，0.5～5 mm 团聚体中 B2.5 组细菌相对丰度未呈上升趋势，而在 0.25～0.5 mm、<0.25 mm 团聚体中大幅上升。生物质炭施入提高 Cd 污染土壤中细菌的变形菌门、放线菌门的相对丰度，降低了酸杆菌门、芽单胞菌门、拟杆菌门的相对丰度。

不同粒径团聚体两个土样细菌属水平上的分布情况如图 7.8 所示，可知在不同处理中优势菌属依次为 *Bacteroides*、*Sphingomonas*、*Anaeromyxobacter*、*Gaiella*、*Clostridium_sensu_stricto_1*、*unidentified_Thaumarchaeota*、*Bryobacter*、*unidentified_Chloroplast*、*Pedomicrobium*、*Blautia*、*Candidatus_Solibacter*、*Blastocatella*、*Ramlibacter*、*Roseiflexus*、*Steroidobacter*。这些菌属每个处理总系列和均占总数的 11%以上。两个处理组相比，生物质炭施加后提高 Cd 污染土壤中变形菌门的 *Sphingomonas*、*Anaeromyxobacter*、*Ramlibacter*、

Steroidobacter、*Hydrogenophaga*、*unidentified_Nitrosomonadaceae*、*Variibacter*、*Geobacter*、*Acidibacter* 菌属，放线菌门的 *Gaiella*、*Luedemannella*、*Acidothermus* 菌属的相对丰度。而酸杆菌门的 *Bryobacter*、*Candidatus_Solibacter*、*Blastocatella*、*unidentified_Acidobacteria* 菌属，芽单胞菌门的 *Gemmatimonas* 菌属，拟杆菌门的 *Prevotella_9*、*Alloprevotella*、*Terrimonas* 菌属的相对丰度降低。绿弯菌门的 *Roseiflexus* 菌属相对丰度在 1～5mm 团聚体中，生物质添加后降低且降低程度逐渐减小，0.25～1 mm、<0.25 mm 转为上升且上升幅度大。实验结果证实，土壤细菌属水平上分布趋势及规律大致与门水平吻合。放线菌门的 *Reyranella* 菌属的相对丰度在单施入 Cd 的土壤中较高，该菌属在重金属 Cd 刺激下生长。放线菌门的 *Bryobacter* 菌属，拟杆菌门的 *Terrimonas* 菌属的相对丰度随着团聚体粒径增大而减小，说明这几类菌属受土壤粒级制约，反应灵敏。

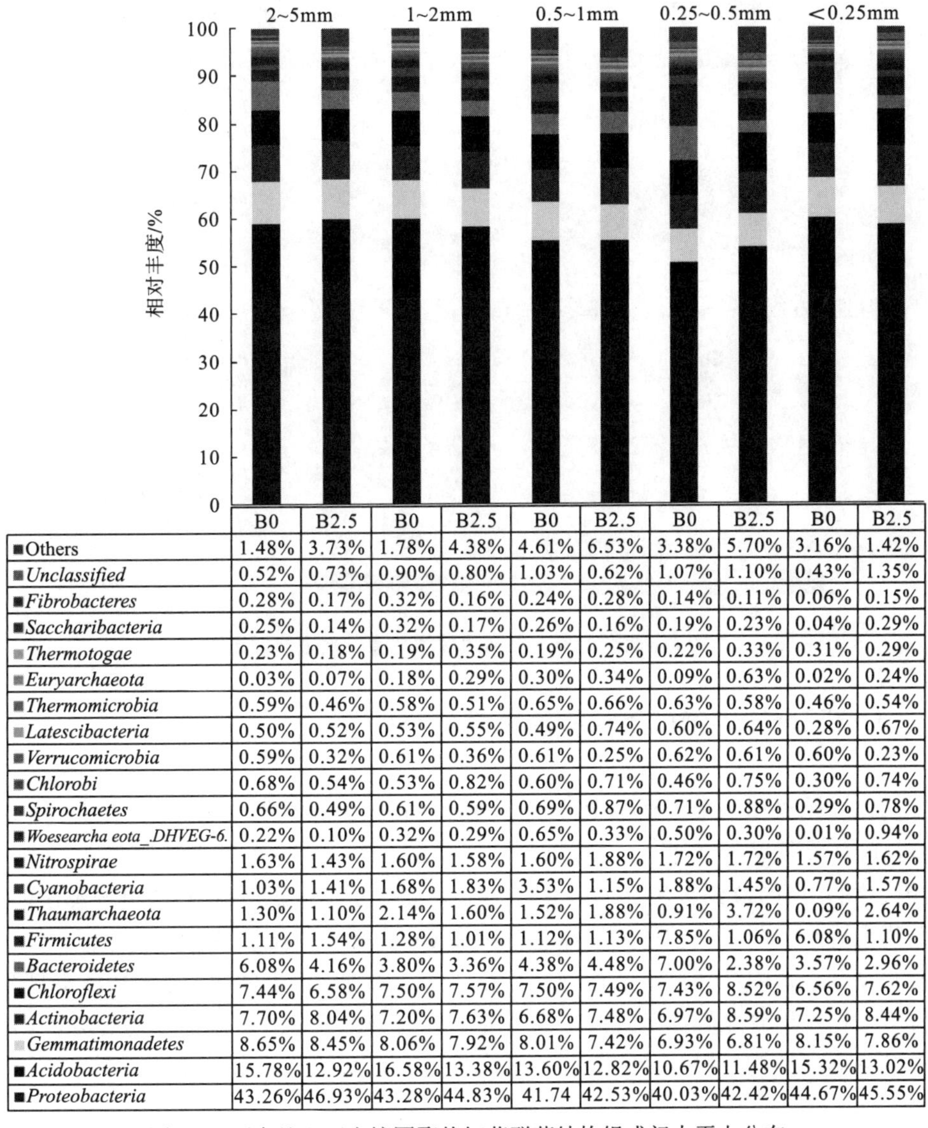

	B0	B2.5	B0	B2.5	B0	B2.5	B0	B2.5	B0	B2.5
■Others	1.48%	3.73%	1.78%	4.38%	4.61%	6.53%	3.38%	5.70%	3.16%	1.42%
■*Unclassified*	0.52%	0.73%	0.90%	0.80%	1.03%	0.62%	1.07%	1.10%	0.43%	1.35%
■*Fibrobacteres*	0.28%	0.17%	0.32%	0.16%	0.24%	0.28%	0.14%	0.11%	0.06%	0.15%
■*Saccharibacteria*	0.25%	0.14%	0.32%	0.17%	0.26%	0.16%	0.19%	0.23%	0.04%	0.29%
■*Thermotogae*	0.23%	0.18%	0.19%	0.35%	0.19%	0.25%	0.22%	0.33%	0.31%	0.29%
■*Euryarchaeota*	0.03%	0.07%	0.18%	0.29%	0.30%	0.34%	0.09%	0.63%	0.02%	0.24%
■*Thermomicrobia*	0.59%	0.46%	0.58%	0.51%	0.65%	0.66%	0.63%	0.58%	0.46%	0.54%
■*Latescibacteria*	0.50%	0.52%	0.53%	0.55%	0.49%	0.74%	0.60%	0.64%	0.28%	0.67%
■*Verrucomicrobia*	0.59%	0.32%	0.61%	0.36%	0.61%	0.25%	0.62%	0.61%	0.60%	0.23%
■*Chlorobi*	0.68%	0.54%	0.53%	0.82%	0.60%	0.71%	0.46%	0.75%	0.30%	0.74%
■*Spirochaetes*	0.66%	0.49%	0.61%	0.59%	0.69%	0.87%	0.71%	0.88%	0.29%	0.78%
■*Woesearcha eota_.DHVEG-6.*	0.22%	0.10%	0.32%	0.29%	0.65%	0.33%	0.50%	0.30%	0.01%	0.94%
■*Nitrospirae*	1.63%	1.43%	1.60%	1.58%	1.60%	1.88%	1.72%	1.72%	1.57%	1.62%
■*Cyanobacteria*	1.03%	1.41%	1.68%	1.83%	3.53%	1.15%	1.88%	1.45%	0.77%	1.57%
■*Thaumarchaeota*	1.30%	1.10%	2.14%	1.60%	1.52%	1.88%	0.91%	3.72%	0.09%	2.64%
■*Firmicutes*	1.11%	1.54%	1.28%	1.01%	1.12%	1.13%	7.85%	1.06%	6.08%	1.10%
■*Bacteroidetes*	6.08%	4.16%	3.80%	3.36%	4.38%	4.48%	7.00%	2.38%	3.57%	2.96%
■*Chloroflexi*	7.44%	6.58%	7.50%	7.57%	7.50%	7.49%	7.43%	8.52%	6.56%	7.62%
■*Actinobacteria*	7.70%	8.04%	7.20%	7.63%	6.68%	7.48%	6.97%	8.59%	7.25%	8.44%
■*Gemmatimonadetes*	8.65%	8.45%	8.06%	7.92%	8.01%	7.42%	6.93%	6.81%	8.15%	7.86%
■*Acidobacteria*	15.78%	12.92%	16.58%	13.38%	13.60%	12.82%	10.67%	11.48%	15.32%	13.02%
■*Proteobacteria*	43.26%	46.93%	43.28%	44.83%	41.74	42.53%	40.03%	42.42%	44.67%	45.55%

图 7.7　两个处理下土壤团聚体细菌群落结构组成门水平上分布

属	2~5mm B0	2~5mm B2.5	1~2mm B0	1~2mm B2.5	0.5~1mm B0	0.5~1mm B2.5	0.25~0.5mm B0	0.25~0.5mm B2.5	<0.25mm B0	<0.25mm B2.5
Bacteroides	0.02	0.02	1.25	0.01	0.01	0.01	2.46	0.02	0.68	0.00
Sphingomonas	1.75	2.12	1.51	1.57	1.71	1.72	1.35	1.58	2.03	2.09
Anaeromyxobacter	1.37	1.81	1.63	2.01	1.00	1.46	1.28	1.32	1.71	1.78
Gaiella	1.49	1.84	1.51	1.93	1.50	1.53	1.31	1.69	1.32	1.71
Clostridium_sensu_stricto_1	0.51	0.56	0.22	0.12	0.21	0.21	1.40	1.74	0.11	.024
unidentified_Thaumarchaeota	0.34	0.53	0.58	0.85	0.40	0.69	0.15	1.57	0.03	1.26
Bryobacter	1.34	0.99	1.40	1.06	0.094	0.91	0.76	0.74	0.88	0.79
unidentified_Chloroplast	0.70	1.05	0.59	1.08	0.85	0.84	0.77	0.90	0.23	1.12
Pedomicrobium	0.78	0.74	0.91	0.92	0.76	0.85	0.74	0.80	0.98	0.98
Blautia	0.47	0.55	0.22	0.21	0.00	0.40	0.05	0.00	1.03	0.50
Candidatus_Solibacter	0.54	0.53	1.01	0.54	0.74	0.70	0.53	0.39	0.65	0.46
Blastocatella	0.94	0.36	1.01	0.41	0.61	0.46	0.46	0.35	0.58	0.52
Ramlibacter	0.72	0.76	0.76	0.79	0.62	0.71	0.55	0.57	0.78	0.87
Roseiflexus	0.83	0.30	0.48	0.43	0.46	0.47	0.43	0.54	0.37	0.53
Steroidobacter	0.75	0.82	0.71	0.73	0.66	0.69	0.53	0.54	0.75	0.76
Prevotella_9	0.08	0.03	0.37	0.30	0.02	0.00	0.81	0.00	0.56	0.44
Haliangium	0.78	0.68	0.70	0.74	0.73	0.69	0.35	0.75	0.80	0.78
Buchnera	0.01	0.78	0.13	0.50	0.02	0.05	0.38	0.04	0.06	0.03
Gemmatimonas	0.74	0.73	0.36	0.33	0.49	0.42	0.43	0.33	0.52	0.23
Romboutsia	0.09	0.12	0.12	0.71	0.09	0.15	0.20	0.19	0.37	0.28
Alloprevotella	0.30	0.01	0.01	0.00	0.00	0.00	0.18	0.01	0.66	0.00
Candidatus_Nitrosoarchaeum	0.23	0.15	0.28	0.26	0.36	0.33	0.16	0.65	0.25	0.51
Luedemannella	0.57	0.60	0.51	0.65	0.43	0.54	0.33	0.41	0.32	0.63
Hydrogenophaga	0.45	0.54	0.40	0.58	0.25	0.55	0.38	0.45	0.37	0.44
Woodsholea	0.38	0.41	0.39	0.37	0.39	0.41	0.34	0.57	0.32	0.40
Terrimonas	0.55	0.23	0.31	0.19	0.27	0.21	0.17	0.11	0.16	0.09
unidentifide_Nitrosomondaceae	0.15	0.50	0.20	0.34	0.13	0.43	0.17	0.26	0.20	0.28
Treponema	0.17	0.15	0.20	0.19	0.16	0.33	0.18	0.22	0.04	0.49
Faecalibacterium	0.42	0.42	0.01	0.30	0.01	0.02	0.49	0.01	0.02	0.01
unidentified_Acidobacteria	0.47	0.35	0.48	0.27	0.39	0.28	0.25	0.21	0.33	0.29
Variibacter	0.25	0.38	0.26	0.46	0.34	0.38	0.30	0.39	0.33	0.35
Parasutterella	0.00	0.00	0.01	0.45	0.00	0.00	0.00	0.01	0.00	0.01
Geobacter	0.28	0.35	0.26	0.31	0.28	0.34	0.25	0.44	0.32	0.39
Ruminiclostridium_9	0.00	0.42	0.43	0.00	0.36	0.02	0.05	0.00	0.44	0.00
Reyranella	0.38	0.23	0.40	0.31	0.37	0.33	0.41	0.39	0.43	0.30
Acidothermus	0.01	0.42	0.27	0.29	0.33	0.36	0.03	0.15	0.33	0.40
Acidibacter	0.33	0.40	0.34	0.38	0.39	0.39	0.30	0.40	0.34	0.40
Escherichia-shigella	0.02	0.09	0.08	0.19	0.03	0.03	0.40	0.01	0.02	0.04
Intrasporangium	0.22	0.22	0.25	0.22	0.38	0.24	0.25	0.28	0.27	0.18
Bradyrhizobium	0.29	0.31	0.16	0.33	0.29	0.27	0.29	0.29	0.33	0.35

相对丰度/%：0　0.6　2.46

图 7.8　两个处理下土壤团聚体细菌属水平菌群热图

7.2.5　土壤团聚体细菌群落结构的主成分分析

不同粒径团聚体两个土样细菌群落结构的主成分分析如图 7.9 所示，PC1 贡献率为 15.98%，PC2 贡献率为 12.87 %，累积贡献率达 28.85%。不同处理组分异明显。五个不同粒径团聚体的所有 B0 组聚集在 PC1 的正轴上，离散距离近，所有 B2.5 组聚集在其负轴，离散距离也近，表明不同粒径团聚体所有单加 Cd 土体中的细菌群落结构相似，所有 Cd-生物质炭复合土体中细菌群落结构同样具相似性。单加 Cd 土体和 Cd-生物质炭复合土体细菌群落结构及组分差异显著，PC1 为主要影响因子。换言之，添加生物质炭对 Cd 污染土壤中细菌群落结构及组分影响显著，可恢复提高土壤细菌的多样性。

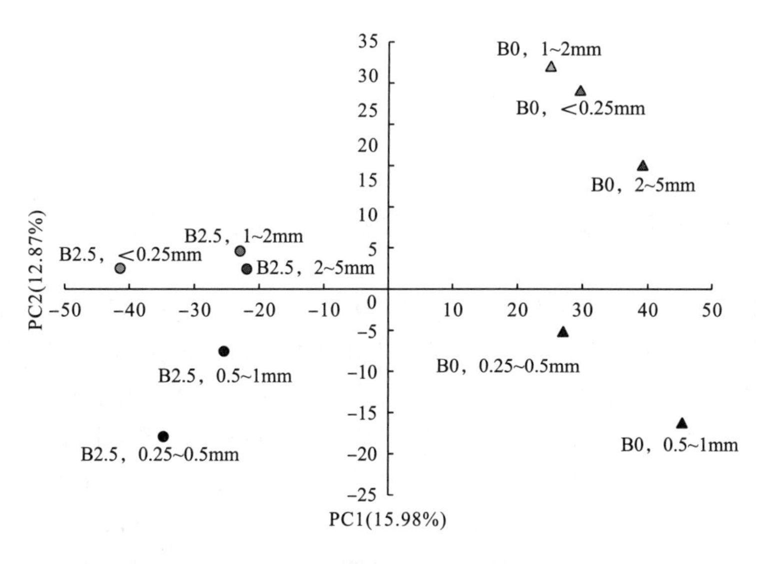

图 7.9　两个处理下土壤团聚体细菌群落多样性的主成分分析

7.2.6　土壤团聚体细菌群落结构的聚类分析

不同粒径团聚体的聚类图如图 7.10 所示，两个处理的 2～5 mm 与 1～2 mm 两个团聚体直线距离近先聚成一类，<0.25 mm 团聚体再聚类到 2～5 mm 和 1～2 mm 组上，然后 0.5～1 mm 团聚体聚类到前三个聚类组上，最后 0.25～0.5 mm 团聚体聚类到前四个聚类组上，表明 1～5 mm、<0.25 mm 团聚体土壤细菌群落基因多样性高度相似，0.25～1 mm 团聚体中细菌基因多样性与另外的三个团聚体有一定程度差异。实验结果证明这与上述稀释性曲线、细菌多样性指数的研究结论相一致，即土壤细菌多样性在 1～5 mm、<0.25 mm 团聚体中高，0.25～1 mm 团聚体中则较低。

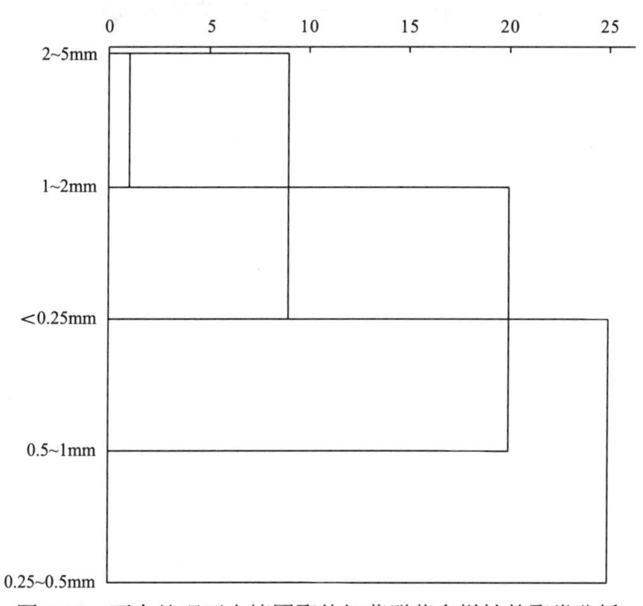

图 7.10　两个处理下土壤团聚体细菌群落多样性的聚类分析

7.3 讨论

7.3.1 生物质炭对镉污染土壤团聚体微生物功能多样性的影响

土壤及团聚体中微生物功能多样性指数分析显示，重金属 Cd 胁迫下土壤微生物种群均一度对生物质炭响应程度强，而常见的微生物种群响应程度小，几乎未变化。张仕颖等(2013)对有机农药施用条件下土壤微生物功能多样性变化情况及趋势进行探究，发现 Simpson 指数与土壤微生物多样性呈负相关，微生物的碳源利用能力越集中，该指数越高。本书中微生物均一度显著变化也许是因为 Simpson 指数变化幅度小，微生物对碳源利用能力均一，微生物分布均匀。碳源利用特征分析表明，土壤中 Cd 刺激聚合物类、其他类的微生物利用能力增强，团聚体中增强碳源为其他类。实验表明，氨基化合物微生物利用能力随着有机氯农药浓度增高呈先升后降趋势，中低浓度刺激下最强(郑丽萍 等，2013)。污染迫使土壤微生物群落结构发生变化，耐性和抗性微生物增多(Coppotelli et al.，2008)。本书研究模拟的是中低浓度(2.5 $mg \cdot kg^{-1}$)外源 Cd 污染条件下，微生物群落组成和多样性的改变。土壤微生物中耐 Cd 的菌群在中低浓度胁迫下增多，且这些菌群偏好某几类特定碳源，于是利用能力增强。有研究表明，糖类和羧酸类是重金属抑制土壤微生物活性的主控碳源因子(陈琳 等，2012)。进一步研究显示，糖类和氨基酸类、羧酸类使污染土体微生物碳源利用能力区分于清洁土体(甄丽莎 等，2015)。这与本书实验结论一致，但区分碳源存在略微差异，土壤中为羧酸类，团聚体中为羧酸类与糖类，大概是污染物质不同、土壤粒级不同所致。

7.3.2 生物质炭对镉污染土壤微生物遗传多样性的影响

土壤及团聚体中遗传多样性指数研究显示，Cd 胁迫下生物质炭促使土壤细菌种群丰富度显著变化，种群多样性基本未变化。杨菁等(2015)对不同植被条件下土壤细菌遗传多样性进行对比分析，发现细菌种群丰富度差异显著，种群多样性无显著差异。这一现象跟 pH、有机质、脲酶和多酚氧化酶等因子显著相关，且丰富度差异大，多样性无差异。上述变化因素可解释遗传多样性指数的结论。土壤细菌群落结构特征分析指出，土壤及团聚体红壤的群落结构组成类似，土壤中优势菌门为变形菌门、酸杆菌门、芽单胞菌门、拟杆菌门、放线菌门、绿弯菌门、蓝藻门，团聚体中优势菌门为变形菌门、酸杆菌门、芽单胞菌门、放线菌门、绿弯菌门、拟杆菌门、厚壁菌门。袁超磊等(2013)研究显示，酸杆菌门、变形菌门、绿弯菌门、厚壁菌门和放线菌门为红壤中的优势菌门，这与本书的研究结论较为一致，证明这几类菌门逆境适应性极强，普遍分布于各种土体环境中。酸杆菌门、芽单胞菌门相对丰度在单施 Cd 处理中高，生物质炭处理中呈下降的趋势；变形菌门、放线菌门相对丰度在单加外源 Cd 处理中低，生物炭处理组中呈上升趋势。酸杆菌门是一种易生长在贫营养场所的嗜酸菌(田地 等，2013)，其丰度与土壤的 pH 呈显著的负相关，放线菌门的丰度则与土壤 pH 呈正相关(刘兴 等，2015)。芽单胞菌门丰度与土壤湿度反向相关，具嗜旱性(李昌明，2012)。变形菌门与土壤有效养分和营养条件正向相关(Smit et al.，2001)。实验的供试土壤为酸性红壤，养分匮乏，生物质炭施入后可提高土壤的 pH、水分、养分含量，引发酸杆菌门、芽单胞菌门、放线菌门、变形菌门对生物质炭做出不同的响应，前两者丰度下降，后两者丰度上升。有研究表明，绿弯菌作为活性污泥的成分之一，可促进土壤中有毒物质降解(陈丹梅 等，2015)。研究中绿弯菌门相对丰度在土壤中生物质炭施用后上升，在团聚体中先降后升，可能是由于绿弯菌门能降解重金属 Cd，生物质炭刺激其生长，揣测绿弯菌门为生物质炭修复 Cd 污染的机制菌门。拟杆菌门相对丰度规律特殊，土壤中生物质炭施用后升高，在团聚体中降低，出现这一现象的原因有待深入探究。除少数几类菌属外，土壤优势细菌属水平上分布规律与门水平表现出一致性，土壤中嗜 Cd 菌属为 *Hydrogenophaga*、*Rubrivivax*、*Citrobacter*、*Methylibium*、*Haliscomenobacter*，团聚体中为 *Reyranella* 菌属。土壤微生物多样性不会随着重金属的污染程度升高而下降，中等污染程度刺激了某几类耐重金属菌群生长，土壤微生物的多样性提高(谢学辉 等，2012)。本书中低浓度 Cd 污染下刺激了其生长，推测可能是耐 Cd 菌属，可指示污染。张志东等(2016)研究发现，辐射污染区存在优势菌种，可作为辐射的指示菌，证实了本书的研究结果。

7.3.3　不同粒径土壤团聚体中土壤微生物多样性变化

土壤团聚体粒径大小不一，水分、营养元素保持和转化能力以及污染物质的吸附能力存在差异。因此，就土壤微生物的群落结构及多样性而言，土壤粒级比 pH 等理化因子影响程度更显著(Sessitsch et al.，2009)。本书研究表明，土壤微生功能多样性、细菌遗传多样性受团聚体粒径制约，表现出差异性，随着土壤团聚体粒径的逐渐减小呈先降后升的 V 形分布，峰值出现于 1～5 mm、<0.25 mm 团聚体中，谷值均在 0.5～1 mm 团聚体中。两个机制造成了土壤微生物多样性先降后升的趋势。首先，生物质炭改善团聚体理化因子，提高养分保持能力，影响土壤大团聚体微生物的功能、遗传多样性。有机质的含量与土壤粒级呈正相关(刘中良 等，2011)，外源有机肥施用后，>0.25 mm 大团聚体营养物质保持能力增强，全磷、全钾、全氮含量提高(杨莹莹 等，2012)，为大团聚体中微生物的生存保证了充足的养分。土壤微生物功能(杜毅飞 等，2015)、细菌遗传(隋心，2013)多样性与土壤有机碳量息息相关，多样性及有机碳呈正相关。研究发现，生物质炭施用后显著增加了 1～5 mm 团聚体中有机碳含量。土壤结构和碳汇能力受土壤团聚体含量制约，碳含量高碳汇能力强(安艳 等，2016)。吴鹏豹等(2012)实验显示，红壤中生物质炭施用后明显增加了>1 mm 团聚体含量，大团聚体中土壤总有机碳分配比亦随之增加。本书研究中，0.25～5 mm 团聚体中土壤微生多样性随着土壤粒径减小趋于下降，也许正是因为有机质、有机碳及 N、P、K 微生物可利用营养底物含量与土壤粒径呈反比。其次，生物质炭能消减微团聚体中的 Cd，降低微生物有效性，从而影响微生物功能、细菌遗传多样性。重金属在不同粒径团聚体中选择性分布，重金属的富集特征又束缚着生物质炭对重金属消减的作用。研究表明，微团聚体是 Cd 富集主要载体，该团聚体中外源 Cd 占比大，其质量占总 Cd 质量的 91%（王圆方 等，2009）。<0.25 mm 微团聚体中土壤微生物多样性变化趋势与大团聚体相反，趋于上升。可能是由于微团聚体中 Cd 含量高，生物质炭 Cd 钝化效果随之增强，超越了大团聚体所造成。对土壤团聚体微生物功能多样性进行分析，并对五个团聚体进行比较，<0.25 mm 团聚体中，Cd 胁迫显著降低微生物整体代谢活性，生物质炭更有效提升功能多样性指数、碳源利用能力。大团聚体中 B0 与 CK 处理的碳源利用能力相似，微团聚体中却相差甚远。对土壤团聚体微生物遗传多样性进行分析，生物质炭对绿弯菌门相对丰度的影响以粒径 0.5 mm 为界，以上降低，以下升高，这些现象均与上述原因密切相关。

7.4 结 论

（1）土壤微生物功能、细菌遗传多样性在 1～5 mm、<0.25 mm 粒径团聚体中高，而在 0.25～1 mm 粒径团聚体中低。

（2）土壤团聚体中其他类碳源利用能力增强，对施加生物质炭组与单加 Cd 组碳源利用能力起作用的是羧酸类、糖类。0.25～5 mm 粒径团聚体 Cd 污染碳源利用能力与空白对照相似，在<0.25 mm 粒径团聚体中差距大。

（3）变形菌门、放线菌门相对丰度在生物质炭施用后提高，酸杆菌门、芽单胞菌门降低，绿弯菌门相对丰度随团聚体粒径减小呈先降后升的趋势，*Reyranella* 菌属对 Cd 具有偏嗜性。两者均表明除少数菌属外，优势菌属变化规律趋同于门水平。

参考文献

安艳，姬强，赵世翔，等，2016. 生物质炭对果园土壤团聚体分布及保水性的影响. 环境科学，37(1)：93-300.

陈丹梅，陈晓明，梁永江，等，2015. 轮作对土壤养分、微生物活性及细菌群落结构的影响. 草业学报，24(12)：56-65.

陈琳，谷洁，高华，等，2012. 含铜有机肥对土壤酶活性和微生物群落代谢的影响. 生态学报，32(12)：3912-3920.

杜毅飞，方凯凯，王志康，等，2015. 生草果园土壤微生物群落的碳源利用特征. 环境科学，36(11)：4260-4267.

李昌明，2012. 青藏高原多年冻土区土壤微生物及其与环境关系的研究. 甘肃：兰州大学.

刘兴，王世杰，刘秀明，等，2015. 贵州喀斯特地区土壤细菌群落结构特征及变化. 地球与环境，43(5)：490-497.

刘中良，宇万太，周桦，等，2011. 长期施肥对土壤团聚体分布和养分含量的影响. 土壤，43(5)：720-728.

隋心，2013. 典型温带森林土壤有机碳自然积累与微生物维持关系. 北京：中国科学院.

田地，马欣，李玉娥，等，2013. 利用高通量测序对封存 CO_2 泄漏情景下土壤细菌的研究. 环境科学，34(10)：4096-4104.

王圆方，朱宁，颜丽，等，2009. 外源 Cd^{2+} 在土壤各级微团聚体中的含量和形态分布. 生态环境学报，18(4)：1764-1766.

吴鹏豹，解钰，漆智平，等，2012. 生物炭对花岗岩砖红壤团聚体稳定性及其总碳分布特征的影响. 草地学报，20(4)：643-649.

谢学辉，范凤霞，袁学武，等，2012. 德兴铜矿尾矿重金属污染对土壤中微生物多样性的影响. 微生物学通报，39(5)：624-637.

杨菁，周国英，田媛媛，等，2015. 降香黄檀不同混交林土壤细菌多样性差异分析. 生态学报，35(24)：8117-8127.

杨莹莹，魏兆猛，黄丽，等，2012. 不同修复措施下红壤大团聚体中有机质分布特征. 水土保持学报，26(3)：154-158.

袁超磊，贺纪正，沈菊培，等，2013. 一个红壤剖面微生物群落的焦磷酸测序法研究. 土壤学报，50(1)：138-149.

张仕颖，夏运生，肖炜，等，2013. 除草剂丁草胺对高产水稻土微生物群落功能多样性的影响. 生态环境学报，22(5)：815-819.

张志东，顾美英，王玮，等，2016. 基于高通量测序的辐射污染区细菌群落特征分析. 微生物学通报，43(6)：1218-1226.

甄丽莎，谷洁，胡婷，等，2015. 黄土高原石油污染土壤微生物群落结构及其代谢特征. 生态学报，35(17)：5703-5710.

郑丽萍，龙涛，林玉锁，等，2013. Biolog-ECO 解析有机氯农药污染场地土壤微生物群落功能多样性特征. 应用与环境生物学报，19(5)：759-765.

Coppotelli B，Ibarrolaza A，Del Panno M，et al.，2008. Effects of the inoculant strain Sphingomonas paucimobilis 20006FA on soil bacterial community and biodegradation in phenanthrene-contaminated soil. Microb Ecol，55(2)：173-183.

Sessitsch A，Weilharter A，Gerzabek M H，et al.，2009. Rapid identification and discrimination among Egyptian genotypes of Rhizobium leguminosarum bv viciae and Sinorhizobium meliloti nodulating faba bean (Vicia faba L.) by analysis of nod C，ARDRA，and rDNA sequence analysis. Soil Biology and Biochemistry，41(1)：45-53.

Smit E，Leeflang P，Gommans S，et al.，2001. Diversity and seasonal fluctuations of the dominant members of the bacterial soil community in a wheat field as determined by cultivation and molecular methods. Applied and Environmental Microbiology，67(5)：2284-2291.